NHK
趣味の園芸

12か月
栽培ナビ

トマト

藤田 智

JN022568

撮影：福田 稔

12か月
栽培ナビ
Tomato

NP·A.Sakamoto

目次

Contents

本書の使い方 ………………………………………… 4

トマトの魅力と基本　　5

トマトの魅力 ……………………………………… 6

トマトの種類 ……………………………………… 8

ミニトマト ………………………………………… 10

大玉トマト ………………………………………… 16

中玉トマト ………………………………………… 20

矮性トマト ………………………………………… 23

調理用トマト ……………………………………… 24

トマトの年間の作業・管理暦 ……………………………… 30

4月 土作り／畝立て／植えつけ／支柱立て／ほか … 32

5月 誘引／わき芽かき／人工授粉／雨よけ栽培／ほか

…………………………………………………………… 45

6月 収穫／下葉かき／摘果／梅雨対策／さし木／ほか

…………………………………………………………… 50

7・8月 摘心／つる下ろし／暑さ対策／ほか ………… 56

9〜11月 株の片づけ／土の粗起こし／ほか ………………… 62

12・1月 寒起こし／培養土のリサイクル／ほか ………… 64

2・3月 タネまき／ポット上げ …………………………… 68

トマトの病害虫 …………………………………………… 72
トマトのコンパニオンプランツ ……………………… 76

トマトのプロフィール ………………………………… 80
トマトってこんな野菜 ……………………………… 80
トマトの部位の呼び方 ……………………………… 84
トマトの果実の育ち方 ……………………………… 86

トマト Q&A ……………………………………………… 88
トマトの肥料 …………………………………………… 94

Column

フルーツトマトって何？ …………………………………… 9

品種名のCF、TYとは？ …………………………………… 12

つぎ木苗、ワクチン苗、予防接種苗とは？ ……………… 13

赤以外のトマトの熟度を見極めるには ………………… 15

大玉トマトのお尻に星があるとおいしい理由 ………… 19

緑のトマトも食べられる ………………………………… 21

朝どりがおいしい理由 …………………………………… 22

トマトのうまみを最大限に楽しむ ……………………… 22

時と場所を超えて伝わるエアルームトマトの魅力 …… 26

トマトは有機質肥料で育てるとおいしくなる ………… 28

誘引とわき芽かきで主枝を順調に育てる ……………… 40

病害虫の被害ではない尻腐れ症 ………………………… 74

子室の数で果実の大きさが決まる ……………………… 87

本書の使い方

ナビちゃん
毎月の栽培方法を紹介してくれる「12か月栽培ナビシリーズ」のナビゲーター。どんな植物でもうまく紹介できるか、じつは少し緊張気味。

本書はトマトの栽培にあたり、4〜11月にかけて、地植えとプランター植えの共通の作業、それぞれの管理を月ごとに詳しく解説しています。12・1月は春に向けての土作り、2・3月はタネまき、苗作りについてわかりやすく紹介しています。

＊「トマトの魅力と基本」(5〜28ページ)では、サイズの定義、色や糖度、栄養素などに触れ、多彩な品種を紹介。

＊「12か月栽培ナビ」(29〜71ページ)では、月ごとに、地植えとプランター植えの共通の作業と、それぞれの管理を掲載していますので、環境に応じた栽培を選ぶことができます。初心者でも必ず行ってほしい**基本**と、ワンランク上の収穫を目指したい**トライ**の2段階に分けて解説しています。主な作業の手順は、適期の月に掲載しています。

今月の作業をリストアップ

基本
初心者でも必ず行ってほしい作業

トライ
中・上級者で余裕があれば挑戦したい作業

今月の管理の要点を地植えとプランター植えでリストアップ

今月の管理を地植えとプランター植えでそれぞれ解説

＊「トマトの病害虫」(72〜75ページ)、「トマトのコンパニオンプランツ」(76〜79ページ)では、発生しやすい病害虫の特徴と対策をわかりやすく解説。

＊「トマトのプロフィール」(80〜87ページ)では、原産地や日本に伝わった歴史、育ち方の特徴を紹介しています。

＊「トマトQ&A」(88〜93ページ)では、栽培の疑問にお答えします。

＊「トマトの肥料」(94〜95ページ)では、無機質・有機質肥料について解説。

● 本書は中間地を基準にして説明しています。地域や気候により、生育状態や開花時期、作業時期などは異なります。寒冷地と暖地は年間の基本の作業・管理暦に補註(30〜31ページ)を掲載。「寒冷地」は北海道・東北地方、新潟県、富山県、石川県、「中間地」は福井県、関東甲信・東海・近畿・中国地方、九州北部、「暖地」は四国、九州南部、沖縄県を目安としています。

● 種苗法により、品種登録されたものについては譲渡・販売目的での無断増殖は禁止されています。

トマトの魅力と基本

甘みと酸味、だしのようなうまみをもち、
多彩な品種があるトマト。
おいしい果実を収穫するために、
知っておきたい特徴や性質、
品種選びの楽しみを紹介します。

Tomato

NP.S.Kuribayashi

トマトの魅力

次から次へと果実をつけて、長く収穫できるのがトマトの魅力の一つ。ミニ品種なら、ていねいに育てれば10月まで収穫を続けることができる。

1
陽光に輝く果実の美しさ

トマトは、家庭菜園で育てたい野菜で常にトップを争う人気の定番野菜。夏の日ざしにキラキラと輝く完熟の果実は、収穫の喜びを与えてくれるだけでなく、目をも楽しませてくれます。トマトは、果実の重さによってミニ、中玉、大玉品種に分けられ、ミニや中玉の品種なら鈴なりの果実を房ごと収穫することもでき、喜びもひとしおです。

2
多彩な品種を選ぶ楽しみ

トマトは、世界中で最も育てられている野菜の一つでもあります。日本では、明治時代になってから食用になった歴史の浅い野菜ですが、農業産出額は野菜のなかでは第1位※。それだけに各種苗会社が競うようにして、色も形もさまざまな品種を開発してきました。最近では家庭菜園向けの品種も販売されており、好みの品種を選ぶ楽しみも広がっています。

※資料：平成28年　農林水産省『野菜の生産・消費
　動向レポート』　平成31年2月

3
栄養豊富でアンチエイジングにも

トマトは、低エネルギーで栄養豊富な健康野菜としても知られます。赤色の品種には抗酸化作用があるリコピン、黄色の品種には吸収のよいシス型リコピン、オレンジ色の品種にはβ-カロテンが多く含まれています。

美肌効果や風邪予防にも効果があるビタミンCや、老化を防ぐビタミンEも含まれ、アンチエイジングにもうれしい野菜です。

NP-M.Fukuda

さまざまな品種の苗が売られているので、取り混ぜて育てるのも楽しい。スーパーなどでは売られていない珍しい品種を育てられるのも、家庭菜園ならではの楽しみ。

NP-N.Watanabe

プランターでも、きちんと手をかけて育てれば鈴なりの果実を収穫できる。支柱を立ててコンパクトに仕立てれば、狭いベランダでも栽培可能。

4
畑でもプランターでも育てられる

　トマトは草丈2m以上に高く育つ野菜ですが、支柱を立てて立体的に栽培することで、畑なら1株につき60㎝四方のスペースがあれば育てられます。プランターなら深さと直径が30㎝程度のもので十分です。なかには、草丈30～40㎝にしかならない品種もあり、果樹などに比べればコンパクトで、気軽に挑戦できます。

5
1株でも、どっさり収穫

　次々に果実をつけて収穫できるのも、トマトの魅力。適期に苗を植えつけて上手に育てれば、ミニ品種は80～100個、中玉品種は40～50個、大玉品種でも15～20個は収穫できます。大きさと品種にもよりますが、6月から10月まで長く収穫できるので、育てがいがあります。適切な管理で、大収穫を目指しましょう。

トマトの種類

重さで分けるなら
大玉、中玉、ミニ

　よく耳にする「大玉トマト」「ミニトマト」などの分類の基準は重さ。目安として、一般的に大玉は150ｇ以上、ミニは15〜30ｇ、中玉はその中間の大きさとされています。中玉トマトは、英語で中型を意味する「ミディトマト」とも呼ばれます。

　日本で生産・流通しているトマトの多くは生食用ですが、加熱調理向けのトマトは、大きさにかかわらず「調理用トマト」としても分類されます。

大玉トマト
150ｇ以上

中玉トマト
大玉とミニの中間

ミニトマト
15〜30ｇ

ミニトマトよりもっと
小さい、1果2〜5ｇの
マイクロトマトもある。

　※　大玉、中玉、ミニの分類の基準は種苗会社によって異なります。

NP-M.Fukuda

赤系トマトとピンク系トマト

日本で見かける大玉トマトのほとんどは、ピンク系トマトと呼ばれるもの。ミニトマトや中玉トマトの多くは、赤系トマトに分類されます。違いは皮の色です。

トマトの皮をていねいに実からはがしてみると、赤系トマトの皮が黄色いのに対し、ピンク系トマトは白っぽい透明。赤系トマトは、赤い実と黄色い皮によって朱に近い赤色に見え、ピンク系トマトは、赤い実と白っぽい透明な皮の組み合わせでピンク色に見えるのです。

左が赤系トマト、右がピンク系トマト。

赤系トマトの皮は黄色、ピンク系トマトの皮は白っぽい透明。

赤以外にも、いろいろな色の品種がある

最近では赤以外にも、黄色やオレンジ色などさまざまな色のトマトが出回っています。

トマトの赤色のもとは、リコピンという色素。果実が未熟なうちは葉緑素（クロロフィル）によって緑色に見えますが、熟すとともにクロロフィルが分解され、代わりにリコピンが生成されて赤くなります。その過程では、β-カロテンやルテイン、シス型リコピンなどの色素も生成され、これらの色素のバランスによって色の違いが生じるのです。

β-カロテンを多く含むとオレンジ色に、ルテインやシス型リコピンが多いと黄色になります。また、アントシアニンを多く含む紫色や黒色のトマトなどもあります。

完熟しても緑色のままのトマトも。写真は「グリーンゼブラ」。

NP-T.Narikiyo

フルーツトマトって何？

Column

フルーツトマトとは特定の品種名ではなく、糖度の高い高糖度トマトの総称です。明確な基準があるわけではありませんが、糖度が高くなるように栽培管理が行われた結果、糖度8度以上になるとフルーツトマトとしてブランド化され、販売されているようです。主なものに静岡県の「アメーラトマト」、フルーツトマトの先駆けとなった高知県の「徳谷トマト」などがあります。

ミニトマト

一般的に、果実の重さが15～30gのトマトでプチトマトとも呼ばれます。
丈夫で育てやすく、栽培の入門編として初心者にもおすすめです。

左：CF 千果
右：オレンジ千果

平均果重15～20gの極早生タイプで、生育初期からどっさり収穫できるのが魅力。「CF千果」は葉かび病、斑点病、タバコモザイクウイルス（TMV）、萎凋病、サツマイモネコブセンチュウに複合的に抵抗性がある。果実はつやのある美しい鮮赤色で、甘くておいしい。オレンジ色の「オレンジ千果」は、「CF千果」と同程度の抵抗性を備えるほか、従来のミニトマトよりβ-カロテン含有量が約3倍（当社比）で糖度も高い。（タキイ種苗）

左：本気野菜あまさセレクト 純あま
右：本気野菜あまさセレクト 純あまオレンジ

いずれも糖度8～11度、果重15g前後のプラム形の果実が上段までしっかりとつく。果実が赤色の「純あま」は、口に含んだ瞬間に強い甘さが広がるデザート感覚のミニトマトで、萎凋病に抵抗性がある。オレンジ色の「純あまオレンジ」は、濃厚で深みのある甘みが特徴で、カロテン臭が少なくフルーティ。（サントリーフラワーズ）

おうち野菜 とってもアイコ

平均果重15～18g。家庭菜園でも人気の定番品種「アイコ」の改良品種で、「アイコ」より育てやすくて収穫量が多い。甘みが強く、酸味が少ないので食べやすい。（サカタのタネ）

ぜいたくトマトミニ

フルーツ系大玉品種「ぜいたくトマト」（詳細は17ページ参照）の性質を受け継いだ、赤色のミニ〜中玉品種。甘さとほどよい酸味を兼ね備えた、濃い味わいが特徴。キュウリモザイクウイルス（CMV）の予防接種苗が販売されている。（日本デルモンテアグリ）

夏うえサマーベル

濃厚な甘みをもつミニ〜中玉品種。実つきがよく、初心者でも終盤までしっかり収穫を楽しめる。耐暑性があり、真夏にもよく実がつく。キュウリモザイクウイルス（CMV）の予防接種苗が販売されている。（日本デルモンテアグリ）

CF プチぷよ

果皮がきわめて薄く、まるで赤ちゃんのほっぺのような新食感のミニトマト。真っ赤な果実にはサクランボのような光沢があり、甘くて豊かな風味を楽しめる。葉かび病に抵抗性がある。（渡辺採種場）

太陽のトマト

オレンジ色の実にはβ-カロテンが豊富で、濃厚な甘さが際立つ。キュウリモザイクウイルス（CMV）の予防接種苗が販売されている。（日本デルモンテアグリ）

左：ピッコラルージュ
右：ピッコラカナリア

いずれも糖度9～11度、果重15～20ｇ。赤色の「ピッコラルージュ」は、しっかりとした果肉で濃厚なコクがある。萎凋病、半身萎凋病、タバコモザイクウイルスに抵抗性あり。橙色の「ピッコラカナリア」は、濃厚でとろけるような食感が持ち味。一般的なオレンジ色の品種に比べ、β-カロテンを約2.5倍多く含む（女子栄養大学調べ）。タバコモザイクウイルスに抵抗性をもつ。（パイオニアエコサイエンス）

サリーナエメラルド（パイオニア）

糖度8～10度、果重15～20ｇ。縦長の果実はイタリアにある緑の島、サリーナ島をイメージしたエメラルドのような緑色。生育初期から果実に甘みがのり、おやつ感覚で食べられる。裂果しにくいのも魅力。
（パイオニアエコサイエンス）

Column

品種名の CF、TY とは？

トマトでは、品種名に「CF」「TY」というアルファベットがついていることがあります。CF は葉かび病、TY は黄化葉巻病に耐病性や抵抗性があるという意味です。耐病性、抵抗性とは、病害虫が発生しても密度が低ければ被害を受けなかったり、被害を受けても軽かったりする性質のこと。丈夫で育てやすいメリットがあります。品種名にアルファベットがなくても、耐病性や抵抗性をもつ品種もたくさんあります。

トスカーナバイオレット

糖度7〜9度、果重20〜25g。赤紫色の果実はアントシアニンを含み、ほどよい酸味と食感がブドウのよう。果実の肩の部分が緑色から紫色に変わったら、食べごろのサイン。萎凋病、半身萎凋病、タバコモザイクウイルスに抵抗性がある。（パイオニアエコサイエンス）

イエローミミ

平均果重15g程度で明るいレモンイエローの果実は、フルーツのような甘さ。裂果しにくく、大きさがそろいやすい。トマトモザイクウイルス（Tm-2^a）と萎凋病（レース※1）に耐病性がある。（カネコ種苗）

オレンジパルチェ

平均果重15gほど。果実はオレンジ色に近い黄色で、β-カロテンの含有量が多い。甘みが強いのでおやつにも。トマトモザイクウイルス（Tm-2^a）と萎凋病（レース1）に耐病性がある。（カネコ種苗）

つぎ木苗、ワクチン苗、予防接種苗とは？

Column

　苗売り場に行くと、「つぎ木苗」「ワクチン苗」「予防接種苗」などと書かれた苗が売られています。病害虫の被害に悩まされている場合は、取り入れてみましょう。

　つぎ木苗とは、病害虫に強い野生種や、同じ科のほかの野菜などの台木（土台となる植物体）に、育てたい栽培品種をつぎ合わせた苗。価格は割高ですが、低温でも育ちやすい、病害虫の被害を受けにくい、連作障害が起こりにくいなどのメリットがあります。

　ワクチン苗と予防接種苗は同じもので、いずれもウイルス病を防ぐためにワクチン接種した苗を指します。トマトでは、キュウリモザイクウイルス（CMV）ワクチンを接種した苗が出回っています。

トマトベリーキューピット

糖度約8度、果重8〜14g。イチゴ形で、かわいらしい小ささが特徴。プリッとした果実は、甘くてジューシー。黄化葉巻病、葉かび病に耐病性、トマトモザイクウイルスに抵抗性があり、丈夫で生育の終盤まで長く収穫を楽しめる。（トキタ種苗）

栄養戦隊サプリガールズ ミドリちゃん

糖度8〜10度、果重15〜20g。完熟しても果実が薄緑色という、従来にない品種。見た目を裏切る甘みと、ほどよい酸味が持ち味。果実がやや黄緑色に変わり、皮に張りがあるのにやや柔らかになったら収穫適期。トマトモザイクウイルスに抵抗性がある。（トキタ種苗）

栄養戦隊サプリガールズ チョコちゃん

糖度8〜10度、果重20〜30g。ミニ品種にしては大ぶりな丸形の果実は、珍しいチョコレート色。未熟な緑色から、完熟してチョコレート色へと変わっていく色の変化も楽しい。トマトモザイクウイルスに抵抗性がある。（トキタ種苗）

フラガール

糖度約9度、果重18〜24g。楕円形の果実は濃厚な甘みと酸味のバランスがよく、皮が薄いためフルーツのように楽しめる。甘くおいしい果実を食べるなら、樹上完熟させ、へたを残して果実のみ収穫を。トマトモザイクウイルスに抵抗性あり。（トキタ種苗）

ぷるるん

果重15g前後。つややか
な皮は非常に薄く、まるで
サクランボのようなプル
ンとした食感を楽しめる
新食感のミニトマト。果実
が傷つきやすいため、取り
扱いは慎重に。（カゴメ）

シュガープラム

糖度10～12度と高糖度ながら酸味もあり、
さっぱりとした味わい。薄皮で皮と実に一体
感があるため、皮が口に残りにくく、フルーツ
感覚でパクパク食べられる。プランターでも
育てやすい。（ハルディン）

左：**こあまちゃん**
右：**こあまちゃんオレンジ**

赤色の「こあまちゃん」は果重16g前後で、
甘みと酸味のバランスがよい。オレンジ色の
「こあまちゃんオレンジ」は果重17g前後。β
-カロテンの含有量が多く、強い甘みが特徴。
いずれも家庭菜園向きで育てやすく、房なり
もきれいで収穫量が多い。（カゴメ）

Column

赤以外のトマトの熟度を
見極めるには

　果実が赤色のトマトは、へたのきわま
で色づいたら完熟のサインですが、黄色
やオレンジ色の品種では完熟の見極め
が難しい場合があります。そんなときに
おすすめの確認方法が、スマートフォン
やペンライトなどの光を下から当ててみ
ること。内部が緑色に透けて見えたら
未熟、見えなかったら完熟です。

果実全体が品種特有
の色に見えたら、完熟
している。

光を当てて、内部が緑
色に透けて見えるの
は、未熟な証拠。

大玉トマト

一般的に、果実の重さが200g以上のトマトです。
大きな果実は食べごたえがあり、栽培の難易度も
ミニトマトや中玉トマトよりは高め。

左：**ホーム桃太郎EX**
右：**桃太郎ゴールド**

果重は200〜210g程度。数ある「桃太郎」シリーズのなかの家庭菜園向け品種。葉かび病、青枯病、トマトモザイクウイルス、萎凋病、半身萎凋病、サツマイモネコブセンチュウに抵抗性があり、丈夫で育てやすい。黄色い「桃太郎ゴールド」は、体内に吸収されやすいとされるシス型リコピンが豊富。甘みと酸味のバランスがよい。（タキイ種苗）

王様トマト 麗夏 れいか

甘み、うまみ、酸味のバランスがよい。生育初期から実つきがよく、粒ぞろいの果実が収穫できるので家庭菜園でも育てやすい。果実が堅いので裂果しにくく、収穫後の日もちがよいのも魅力。萎凋病、トマトモザイクウイルス、半身萎凋病、葉かび病、斑点病に抵抗性がある。（サカタのタネ）

豊作祈願 ほうさくきがん

果重200g前後。家庭菜園向け品種としては日本で初めて黄化葉巻病の耐病性を備えたほか、斑点病に耐病性、葉かび病、萎凋病、トマトモザイクウイルスに抵抗性。節間が短いので草丈をコンパクトに育てられる。（トキタ種苗）

16

ぜいたくトマト

果重100〜120ｇのフルーツ系大玉品種。濃厚な甘みとほどよい酸味があり、トロッとなめらかな口当たり。キュウリモザイクウイルス（CMV）の予防接種苗が販売されている。（日本デルモンテアグリ）

ぜっぴん！トマト

果重110〜130ｇで、濃厚な甘さとなめらかな食感をもちながら、病気に強くて育てやすい。葉かび病、トマト黄化葉巻病（イスラエル系統）に耐病性がある。キュウリモザイクウイルス（CMV）の予防接種苗が販売されている。（日本デルモンテアグリ）

本気野菜あまさセレクト　こいあじ

糖度7〜9度、果重80〜120ｇで小ぶりな大玉種。その名のとおり甘み、うまみ、酸味のどれもが濃厚。フレッシュな香りと酸味、強い甘さと濃いうまみを楽しめる。（サントリーフラワーズ）

本気野菜かんたんセレクト　サングランデ

糖度5〜6度、果重180〜200ｇ。黄化葉巻病、トマトモザイクウイルス、萎凋病、葉かび病、斑点病に抵抗性があり、丈夫で育てやすい。ジューシーな果肉にはほどよい酸味があり、飽きのこないおいしさ。（サントリーフラワーズ）

おうち野菜 つよまる

平均果重約180ｇ。黄化葉巻病に
耐病性があり、その名のとおり丈夫
で家庭菜園でも育てやすい。果実
が堅く締まっているので、収穫後の
日もちがよい。（サカタのタネ）

サターン

果重240g程度の極早生種。トマト
モザイクウイルス、萎凋病、斑点病、
サツマイモネコブセンチュウに複
合的に抵抗性がある。耐暑性にも
優れており、育てやすさも魅力。実
つきがよくて裂果しにくく、質のよ
い実が収穫できる。（タキイ種苗）

おてがる大玉トマト おどりこ

甘みと酸味のバランスがよく、収穫量が多
くて育てやすい家庭菜園の人気品種。萎凋
病、斑点病、トマトモザイクウイルスに抵抗
性、サツマイモネコブセンチュウ、半身萎凋
病に耐病性がある。（サカタのタネ）

耐病竜福 たいびょうりゅうふく

平均果重200〜220g。株にスタミナがあり、終盤まで質のよい果実ができる。葉かび病（Cf-9）、萎凋病（レース1・2）、半身萎凋病、サツマイモネコブセンチュウ、斑点病、トマトモザイクウイルス（Tm-2^a）に耐病性がある。（カネコ種苗）

強力米寿 きょうりょくべいじゅ

トマトモザイクウイルス、萎凋病、斑点病に複合的に抵抗性がある。株にスタミナがあって耐暑性に優れるので、家庭菜園でも育てやすい。果重は210g程度で実つきがよく、形と大きさもそろいやすい。ほどよい酸味が持ち味。（タキイ種苗）

Column

大玉トマトのお尻に星があるとおいしい理由

大玉トマトの場合、お尻の部分に「スターマーク」とも呼ばれる星が現れていると、おいしいといわれます。特に、線が均等で太く現れているのは、完熟して甘みがある証拠です。

トマトのお尻に入る線は、ゼリー質が入っている子室（87ページ参照）の充実度を現しています。線が多いと子室の数が多く、線が濃く太ければ子室がしっかり形成されています。線が均等に現

お尻に、美しいスターマークのあるトマトを目指そう。

NP-Y.Itoh

れていれば、生育が順調で子室の並びが規則正しいことを示します。

トマトの甘みは子室の壁にあるため、子室の数が多いと壁の数も多く、甘く感じるのです。

中玉トマト

ミニトマトと大玉トマトの中間の大きさです。
ミニトマトの甘さや育てやすさと、
大玉トマトの食べごたえを兼ね備えています。

上：**あまうま中玉トマト（赤）**
シンディースイート

下：**あまうま中玉トマト（オレンジ）**
シンディーオレンジ

フルティカ

糖度7〜8度、果重40〜50g。果肉に弾力が
あって食感がよいうえ、裂果しにくい。皮が薄
くて、口に残りにくいのも魅力。トマトモザイ
クウイルス、葉かび病、斑点病、サツマイモネ
コブセンチュウに抵抗性がある。（タキイ種苗）

赤色の「シンディースイート」は平均果重35
〜40ｇで、甘みとともにほどよい酸味もある。
萎凋病、トマトモザイクウイルス、斑点病に抵
抗性。根腐萎凋病、葉かび病に耐病性。オレ
ンジ色の「シンディーオレンジ」は平均果重
40〜50gで、酸味が少なく、フルーツのよう
な濃厚な甘みが感じられる。トマトモザイク
ウイルス、萎凋病、半身萎凋病、葉かび病、斑
点病に抵抗性がある。（サカタのタネ）

本気野菜かんたんセレクト　ルビーノ

糖度7〜9度、果重30〜45ｇでプラム形の果
実が次々に実る。実つきがよいので、プラン
ターでも大満足。適度な甘さと酸味、フレッ
シュな香りで食べ飽きない。トマトモザイク
ウイルス、萎凋病、半身萎凋病、葉かび病な
どに抵抗性がある。（サントリーフラワーズ）

シシリアンルージュ

果重20〜30ｇ。ピンク系の大玉トマトに比べ、リコピンは約8倍、うまみ成分のグルタミン酸は約3倍多く含む（女子栄養大学調べ）。生で食べてもうまみが強いが、加熱調理すると、さらにうまみとコクが増す。萎凋病、半身萎凋病、トマトモザイクウイルスに抵抗性がある。（パイオニアエコサイエンス）

A：**レッドオーレ**
B：**イエローオーレ**
C：**オレンジオーレ**

濃赤色の「レッドオーレ」は平均果重40〜50gで、ピンポン玉大の中玉サイズ。酸味が少なく、甘くフルーティで、ねっとりとした食感が楽しめる。鮮やかなレモンイエローの「イエローオーレ」は平均果重40g程度で、さっぱりとした味わい。オレンジ色の「オレンジオーレ」は平均果重35〜40gで、甘みと酸味のバランスがよい。いずれもスタミナ切れしにくく、栽培の終盤までよい果実がたくさんつく。（カネコ種苗）

フルーツルビー EX

安定して糖度が高く、口に含むとフルーツのような甘さが広がる。栽培中の実割れが少なく、初心者でも育てやすい。キュウリモザイクウイルス（CMV）の予防接種苗が販売されている。（日本デルモンテアグリ）

フルーツゴールドギャバリッチ

糖度が高く、甘くなめらかな果肉が特徴。オレンジ色の実は、ストレス抑制やリラックス効果などがあるとされるアミノ酸の一種、GABAの含有量が多い。キュウリモザイクウイルス（CMV）の予防接種苗が販売されている。（日本デルモンテアグリ）

Column

朝どりがおいしい理由

　よく「野菜は朝どりがおいしい」といわれます。これは、日中、葉で光合成された養分（デンプンや糖）が夜間に果実に蓄えられるから。果菜類では早朝、植物が活動を始める前が最もおいしいといえます。トマトはぜひ、朝のうちに収穫してください。

　ちなみに、葉もの野菜の場合、食用部分である葉に最も多く養分が蓄えられているのは夕方なので、夕どりのほうがおいしいのです。

トマトのうまみを
最大限に楽しむ

　トマトには、うまみ成分の一つグルタミン酸が含まれます。昆布にも含まれるアミノ酸です。うまみ成分にはほかに、肉や魚に多く含まれるイノシン酸、キノコ類に多いグアニル酸などがあります。トマトとは異なるうまみ成分を含むこれらの食品と組み合わせて調理すると、トマトのうまみが引き出され、よりおいしく感じられます。

矮性トマト

「ドワーフトマト」「芯止まり性」とも呼ばれます。
草丈が低く、コンパクトに育つのが特徴。
わき芽かきが不要で、手軽に育てられます。

めちゃラク！トマト

わき芽かきだけでなく、支柱立ても不要なほどコンパクトに育つ。花房が2〜3房出ると主枝の伸びが止まり、わき芽が伸びて横に這うように育つ。キュウリモザイクウイルス（CMV）の予防接種苗が販売されている。（日本デルモンテアグリ）

ドワーフトマト・プリティーベル

5〜7号（直径15〜21cm）とコンパクトなプランターでも育てられる。つややかな果実は甘み、酸味、うまみ、コクを兼ね備え、小ぶりでも食べごたえバツグン。加熱調理にも向く。収穫後は追肥して少し株を休ませれば、再びわき芽が伸びて鈴なりに果実がつくことを繰り返す。（タカ・グリーン・フィールズ）

レジナ

観賞・プランター栽培専用の矮性ミニトマト。5号（直径約15cm）のプランターで十分に育つ。草丈15〜20cmとコンパクトで、支柱は不要。赤橙色のかわいらしい果実がたくさんつく。（サカタのタネ）

調理用トマト

果実の重さにかかわらず、加熱調理に適した品種の総称で、
「クッキングトマト」とも呼ばれます。
加熱するとうまみとコクが際立ち、
形が崩れにくいのが特徴です。

本気野菜欧州グルメセレクト ボンリッシュ

果重80〜120gと小ぶりな大玉種。だしのような濃厚なうまみがあり、幅広い料理に利用できるので、ちょっと特別なおうちご飯に。トマトモザイクウイルス、萎凋病、半身萎凋病、葉かび病などに抵抗性があり、丈夫で育てやすい。（サントリーフラワーズ）

ボンジョールノ

果重100〜140gの中〜大玉。加熱しても形が残りやすいため、スープや煮込み料理にすると食感も楽しめる。グリルすると、酸味も甘みもアップ。黄化葉巻病、萎凋病、半身萎凋病、トマトモザイクウイルス、サツマイモネコブセンチュウに抵抗性があり、丈夫で栽培の終盤までどっさり収穫できる。（トキタ種苗）

本気野菜欧州グルメセレクト ルンゴ

果重100〜150gで長円筒形。ぎっしりと詰まった分厚い果肉は酸味と水分が少なく、うまみが濃い。トマトモザイクウイルス、萎凋病、半身萎凋病、斑点病などに抵抗性がある。（サントリーフラワーズ）

パスタ

平均果重100g前後、縦長の調理用トマト。濃赤色でつやのある果実は、果肉が堅いので収穫後に日もちする。半身萎凋病、トマトモザイクウイルス（Tm-2a）、サツマイモネコブセンチュウに耐病性がある。（カネコ種苗）

サンマルツァーノリゼルバ

果重40〜50gの中玉品種。イタリアの伝統的調理用トマト「サンマルツァーノ」タイプの味で収穫量を劇的に改良した、"特別な（リゼルバ）"品種。皮が薄くて生でもおいしいが、ソースにすると赤色が映え、なめらかな食感を楽しめる。萎凋病、半身萎凋病、トマトモザイクウイルスに抵抗性がある。（パイオニアエコサイエンス）

イタリアンレッド

「サンマルツァーノ」の形質と味わいをもつ、うまみたっぷりの中〜大玉トマト。加熱しても崩れにくく、うまみがグッと増す。実つきがよく、育てやすさも魅力。キュウリモザイクウイルス（CMV）の予防接種苗が販売されている。（日本デルモンテアグリ）

ロッソナポリタン

糖度9〜11度、果重10〜15g。やさしい甘みがあり、生食だけでなく加熱調理にも向くミニ品種。耐病性があり、裂果も少なくて育てやすい。萎凋病、半身萎凋病、トマトモザイクウイルスに抵抗性をもつ。（パイオニアエコサイエンス）

クックゴールド

橙黄色で卵形の果実は肉厚で、生で食べてもおいしい。果重は120g前後で、1果房につき6〜8果、安定して果実がつくため収穫量が多い。シス型リコピンを多く含む。（タキイ種苗）

時と場所を超えて伝わる
エアルームトマトの魅力

個性派の固定種トマト

トマトのなかには、「エアルームトマト」と呼ばれるものがあります。エアルーム (heirloom) とは英語で「代々受け継がれるもの、遺産、家宝」の意味。エアルームトマトとは、その家や地域で代々受け継がれてきた固定種（※1）のトマトのことをいいます。

現在、日本のトマトの生産・流通の主流は F₁品種（※2）と呼ばれるもの。病気や害虫に強く、収穫量が多く、色や形、大きさが均一になるように改良された品種です。発芽や生育のスピードがそろいやすく、育てやすいメリットもあります。家庭菜園向けに出回っている苗も、F₁品種が主流です。

一方のエアルームトマトは、もとをたどれば南米やカリブ海の島々から北米などに渡った移民たちが、定住した先で何代も育て続けた結果、その地に適した形質に固定化された品種。それだけに多彩で、800種とも5000種ともいわれる品種があります。色も形も味わいもさまざまで、そのバリエーションの豊富さが魅力の一つになっています。F₁品種のような生育がそろった粒ぞろいではありませんが、それが逆に家庭菜園向きともいわれます。

エアルームトマトは
家庭菜園に向いている

エアルームトマトは、品種ごとに気候風土の異なるさまざまな地域で固定化されたため、ある土地ではよく育っても、別の土地ではうまく育たない場合があります。自分が住む地域でうまく育つ品種に出会えれば、持ち前の丈夫さを発揮してくれるのです。

生育にばらつきがある点も、一度に収穫できると持て余しがちな家庭菜園では、少しずつ長く収穫できるメリットに。大きさのばらつきも、規格をそろえて出荷しなければないプロの農家とは違い、あまり気にならないでしょう。

栽培に挑戦するなら、
タネから苗作りをしよう

家庭菜園でエアルームトマトの栽培に挑戦するには、自分でタネから苗を育てる必要があります（タネまきと育苗は69〜71ページ参照）。タネは、インターネットの通信販売などで入手できます。

気に入った品種は自分でタネとり（自家採種）をして栽培を重ねていけば、より自分好みで、その土地で栽培しやすい品種に育てることができます（タネとりの詳細は92〜93ページ参照）。

青果店やスーパーの野菜売り場では、なかなか出会うことのできないエアルームトマト。野菜作りを自由に楽しめる家庭菜園だからこそ、奥深くて味わい深いエアルームトマトに、一度挑戦してみてはいかがでしょうか。

※1 **固定種** 品種の特徴が現れたよい株を選んで採種を繰り返し、何世代もかけて選び抜いてきた品種。遺伝的に、親とほぼ同じものができる。

エアルームトマトのおすすめ品種

T.Onkura

レモン・ワンダー・ライト

色はレモンイエロー、形もまるでレモンのようだが、味は間違いなくトマト。サイズは中玉。

T.Onkura

レッド・カップ

大きなカボチャのような形がユニークで、1房に3〜4果つく。大型で食べごたえがある。

NP-N.Watanabe

T.Onkura

ブラック・シー・マン

「日に焼けた漁師」という名前も個性的。黒い果実は味に深みがあり、ソースにするとデミグラス色に。

NP-M.Fukuda

ショコラ

重さ300〜400gの大きな果実に、まだら模様が入る。味は繊細で、ほどよい酸味がある。

NP-M.Fukuda

グリーンゼブラ

緑色に縦縞のゼブラ模様が入る。やや小ぶりで、さわやかな酸味と苦みが特徴。完熟して黄緑色になると、甘みが増す。

※2 **F₁品種** 異なる性質をもつ親どうしをかけ合わせた雑種の第一代目。両親よりも生育がよく、品質のそろったものができるが、F₁品種から採種して育てたF₂世代（雑種の二代目）は、性質が不ぞろいになる。「一代交配」または種苗会社の名前などをつけて「○○交配」と書いて販売されている。

トマトは有機質肥料で育てるとおいしくなる

有機質肥料は野菜にとって省エネ

よく「有機栽培の野菜はおいしい」といわれますが、トマトも例外ではありません。決め手はアミノ酸にあります。

これまで有機質肥料は、無機化してから植物に吸収される（下記チャート参照）といわれてきましたが、近年の研究で、アミノ酸など低分子の有機体チッ素を植物が直接、吸収する場合もあることがわかってきました。有機体チッ素を吸収できると、その分、無機体チッ素の吸収やアミノ酸の合成に関わるエネルギーを使わずにすみます。野菜にとっては省エネとなり、体力を温存できることが「有機栽培の野菜はおいしい」といわれることと、無関係ではないとされているのです。

実際に、トマトは有機質肥料で育てると、甘く濃厚な味の果実になるといわれます。ただし、有機質肥料なら何でもよいというわけではありません。アミノ酸を多く含む魚かす（魚粉）やバットグアノ（いずれも95ページ参照）を、元肥として投入するのがおすすめです。追肥には、ぼかし肥を利用します。

チッ素の分解・吸収のプロセス

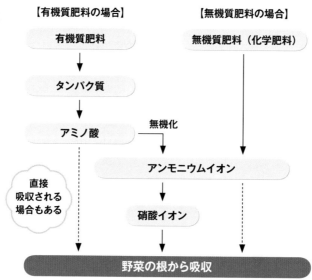

【有機質肥料の場合】

有機質肥料 → タンパク質 → アミノ酸 →（無機化）→ アンモニウムイオン → 硝酸イオン

直接吸収される場合もある

【無機質肥料の場合】

無機質肥料（化学肥料） → アンモニウムイオン

野菜の根から吸収

12か月
栽培ナビ

トマトの地植えとプランター植えの、
主な作業と管理を月ごとにまとめました。
枝につけたまま完熟させて、
家庭菜園ならではの
おいしい収穫を目指しましょう。

Tomato

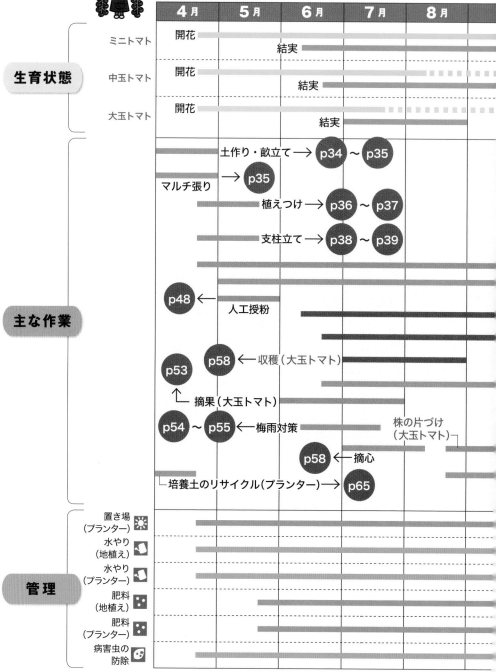

トマトの年間の作業・管理暦

		4月	5月	6月	7月	8月

生育状態

- ミニトマト：開花／結実
- 中玉トマト：開花／結実
- 大玉トマト：開花／結実

主な作業

- 土作り・畝立て → p34 ～ p35
- マルチ張り → p35
- 植えつけ → p36 ～ p37
- 支柱立て → p38 ～ p39
- p48 ← 人工授粉
- p53
- p58 ← 収穫（大玉トマト）
- 摘果（大玉トマト）
- p54 ～ p55 ← 梅雨対策
- 株の片づけ（大玉トマト）
- p58 ← 摘心
- 培養土のリサイクル（プランター）→ p65

管理

- 置き場（プランター）
- 水やり（地植え）
- 水やり（プランター）
- 肥料（地植え）
- 肥料（プランター）
- 病害虫の防除

● 寒冷地のカレンダー
　植えつけ：5月下旬～6月中旬
　収穫：7月上旬～9月下旬（ミニ）、7月中旬～9月中旬（中玉）、7月下旬～9月上旬（大玉）

30

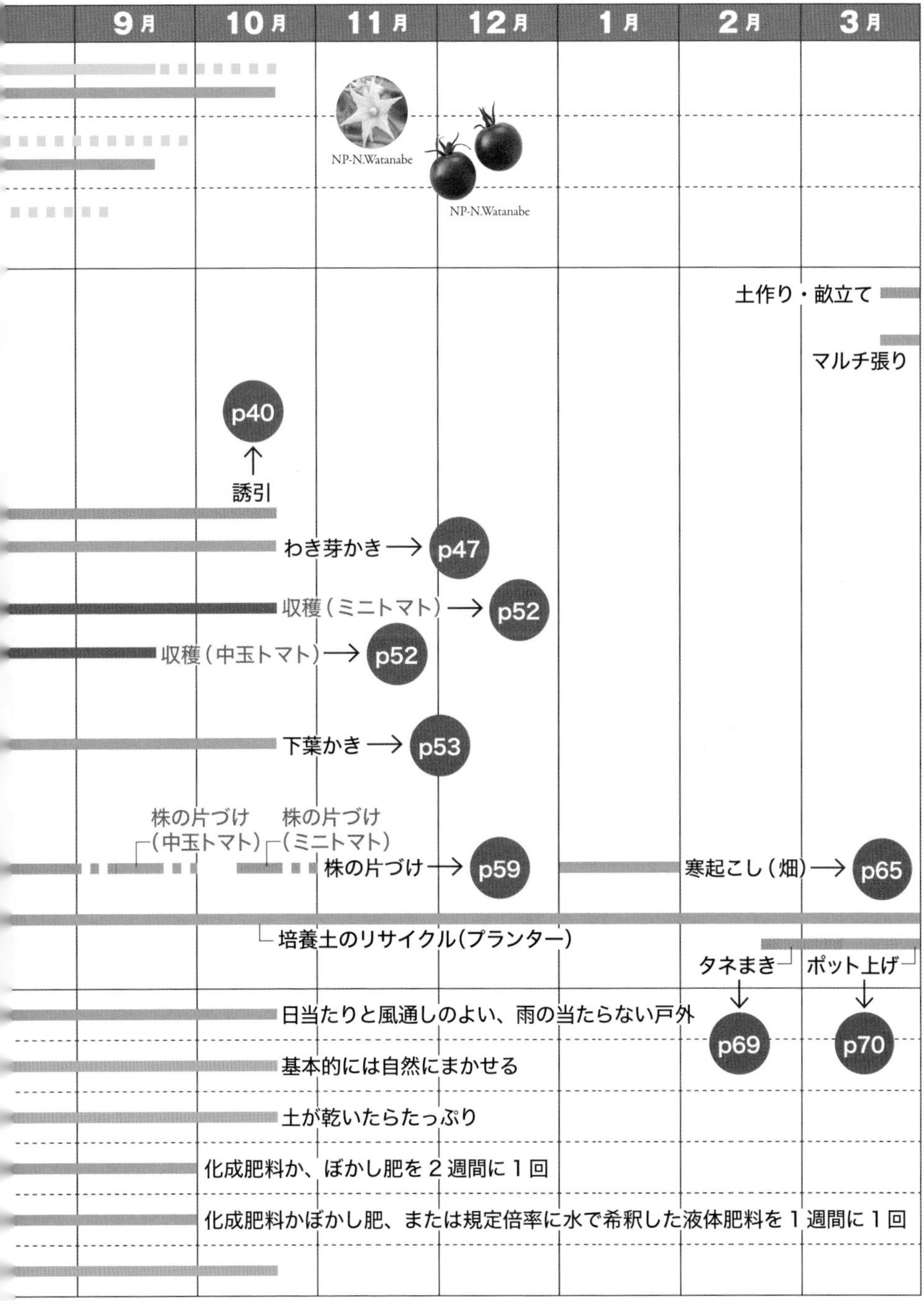

9月	10月	11月	12月	1月	2月	3月

NP-N.Watanabe

NP-N.Watanabe

土作り・畝立て

マルチ張り

p40
↑
誘引

わき芽かき → **p47**

収穫（ミニトマト）→ **p52**

収穫（中玉トマト）→ **p52**

下葉かき → **p53**

株の片づけ（中玉トマト）　株の片づけ（ミニトマト）

株の片づけ → **p59**

寒起こし（畑）→ **p65**

培養土のリサイクル（プランター）

タネまき　ポット上げ

日当たりと風通しのよい、雨の当たらない戸外　**p69**　**p70**

基本的には自然にまかせる

土が乾いたらたっぷり

化成肥料か、ぼかし肥を2週間に1回

化成肥料かぼかし肥、または規定倍率に水で希釈した液体肥料を1週間に1回

● 暖地のカレンダー
植えつけ：4月中旬～5月上旬
収穫：6月上旬～10月下旬（ミニ）、6月中旬～9月下旬（中玉）、6月下旬～8月中旬（大玉）　31

今月の主な作業

基本 土作り　基本 畝立て
基本 マルチ張り　基本 植えつけ
基本 支柱立て　基本 誘引
トライ 雨よけ栽培　トライ 2本仕立て
トライ ソバージュ栽培

4月のトマト

　苗の出回り最盛期。適切なサイズの苗を購入するか、なければ小さめの苗を購入し、植えつけ適期のサイズになるまで育てます。

　4月下旬〜5月中旬の植えつけに向け、土作りを始めるタイミングでもあります。苦土石灰を散布し耕したあと、1〜2週間たってから堆肥と肥料を投入し、病気や土の乾燥予防のためポリマルチを張ります。植えつけは、その1〜2週間後です。植えつけ後は、主枝1本だけを伸ばす「1本仕立て」（38ページ参照）で育て、株が倒れないように支柱を立てて誘引します。支柱の立て方は、株数などによって、いくつかの方法があります。

植えつけたばかりのトマトの苗。

主な作業

基本 土作り

植えつけの2〜4週間前までに行う

　必要に応じて石灰を投入し、土のpHを調整。その後、肥料が長く効くように、溝施肥で堆肥と肥料を施します。元肥の肥料が多いと、茎葉が茂って実がつかない「つるボケ」になるため、施用量を守りましょう。

基本 畝立て

　畑では、畝を立てます。畝は野菜のベッドのようなもので、土を盛り上げることで通路と区別がつき、栽培管理がしやすくなるほか、水はけがよくなるメリットもあります。

基本 マルチ張り

　春先の地温上昇に加え、雨による泥のはね返りを防いで病気を予防したり、土の乾燥を防いだりするため、植えつけ前にポリマルチを張ります。

基本 植えつけ

適切なサイズの苗を植える

　第一花房に蕾か花がついている苗を選んで植えると、実つきがよくなります。植えつけ時期が早すぎると、寒の戻りや遅霜で枯れる場合があるので、

今月の管理

☼ プランター植えの場合は、
日当たりと風通しのよい、雨の当たらない戸外
💧 地植えの場合は、自然にまかせる。
プランターは、土が乾いたらたっぷり
🐛 アブラムシ類

適期を守りましょう。天候不順な年には、植えつけ後に防虫ネットをトンネルがけすると、軽い寒さよけと霜よけになります。

プランター植えの場合は、直径、深さともに約30cmの深型プランターに1株植えが目安です。

基本 支柱立て（1本仕立て）

植えつけ直後に立てる

支柱を立てずにトマトを育てると、重みで株が倒れてきます。必ず植えつけ直後に立てます（38ページ参照）。

基本 誘引

支柱を立てたら、麻ひもなどで茎を支柱に誘引します。

トライ 雨よけ栽培

湿気に弱いトマトを守る栽培方法です。アーチ形に立てた支柱の骨組みを透明なポリフィルムで覆い、トマトに雨が当たらないようにします。特に、皮が柔らかい大玉トマトで有効です。

トライ 2本仕立て

主枝＋側枝の2本を伸ばす

トマトは、わき芽をすべて摘み取って主枝1本のみを育てる「1本仕立て」が基本ですが、生育が旺盛なミニトマトと中玉トマトは、主枝＋側枝（わき芽が伸びたもの）の2本を伸ばす「2本仕立て」（42ページ参照）にもできます。収穫量は、1本仕立ての約1.5倍になります。

トライ ソバージュ栽培

基本的に、わき芽を摘み取らずに伸ばす栽培方法で、手がかからないのがメリット。株の勢いが旺盛なミニトマトと中玉トマトで挑戦できます。

管理

〜〜 地植えの場合

💧 **水やり：基本的には自然にまかせる**

苗の植えつけ直後は、たっぷり水をやって根の活着を促します。

🪣 プランター植えの場合

☼ **置き場：日当たりと風通しのよい、雨の当たらない戸外**

💧 **水やり：土が乾いたらたっぷり**

土が乾いたら、プランターの底から水が流れ出るくらいたっぷりやります。

〜〜 🪣 病害虫の防除

🐛 アブラムシ類に注意します（防除法は74ページ参照）。

33

トマトはpH6.0〜6.5の土でよく育つ。石灰を散布し、耕して土のpHを調整。
1〜2週間後、牛ふん堆肥と肥料を施して畝を立てる。肥料が長く効く溝施肥がよい。
無機質肥料、有機質肥料のどちらでも育てられる。
畝幅は、1列植えの場合は60cm、2列植えの場合は120cm（長さは自由）。

用意するもの ※各資材の説明は 94〜95ページ参照。

●無機質肥料の場合
・苦土石灰 … 100〜150g／㎡
・牛ふん堆肥 … 4.5〜6ℓ／㎡
・化成肥料 … 100g／㎡
・熔リン … 50g／㎡
※秋まで収穫を楽しみたい場合、牛ふん堆肥のみ
　倍量の9〜12ℓ／㎡施せば、長期間、収穫できる。

●有機質肥料の場合
・有機石灰……200〜300g／㎡
・牛ふん堆肥……7〜8ℓ／㎡
・発酵鶏ふん……300g／㎡
・発酵油かす……100g／㎡
・魚かす……100g／㎡
・バットグアノ……50g／㎡

石灰を投入する
土のpHを測定して石灰を投入する。土質にもよるが、苦土石灰の場合、pHを0.5上げるための必要量は約100g／㎡。

溝を掘る
堆肥と肥料を投入するための溝を掘る。幅15cm、深さ30cm程度が目安。1列に植える場合は畝の中央に1本、2列植えなら60cm間隔で2本掘る。

よく耕す
投入した石灰が土とよくなじむように、クワでていねいに耕す。地表を平らにきれいにならし、そのまま1〜2週間おく。

堆肥と肥料を施す
溝の中に、堆肥と肥料を均等に施す。土作りの肥料の量が多いと、つるボケを起こして実つきが悪くなるため、施用量を守ることが大切。

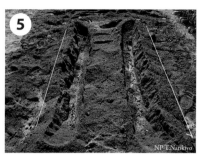

5

施したところ

堆肥と肥料を施し終わったところ。施用量にムラがないよう、ていねいに。

6

畝を立てる

溝を埋め戻してから、畝を立てる。ひもの外側の土をクワですくい、ひもの内側に盛り上げる。後退しながらこれを繰り返し、1周する。

7

土の表面をならす

レーキや塩ビ管、木の板などで土の表面をきれいにならし、デコボコをなくす。デコボコがあると、ポリマルチをピンと平らに張りにくい。

基本 マルチ張り

適期＝3月下旬〜4月下旬

土作りを済ませたら、ポリマルチを張る。植えつけの1〜2週間前までに張っておくと地温上昇効果が高まり、植えつけ後の生育がよくなる。雑草防除の効果もある黒マルチがおすすめ。

1

畝にマルチをかぶせる

1列植えで畝幅60cmなら幅95cmのマルチ、2列植えで畝幅120cmなら幅135cmのマルチがよい。黒の穴なしマルチを用意し、畝の長さより30〜40cm長めに切って畝にかぶせる。

2

土をのせて固定する

畝とマルチのセンターを合わせ、すそに土をのせて、風などで飛ばないように固定する。足先でマルチのすそを踏みながらクワですくった土をのせ、ピンと張ることが大切。

基本 植えつけ | 適期＝4月下旬〜5月中旬

苗のよしあしが収穫量を左右する。よい苗を入手して、適期に植えよう。
早植えすると、寒の戻りや遅霜の被害を受けることもあるので注意。

● **株ががっしりしている**
きちんと日光を浴びて
育った証拠。日照不足
の苗は、ヒョロヒョロ
している。

● **第一花房に蕾か花がついている**
植えつけ後につるボケしにくく、
実つきがよくなる。

● **病害虫が発生していない**

● **葉の緑色が濃い**
育苗中に肥料切れを起こして
おらず、今後も順調な生育が
期待できる。

● **双葉が残っていると、さらによい**
育苗中に肥料切れを起こしておら
ず、植えつけ後も順調に育つ。

NP・M.Fukuda

よい苗を選ぶ

花や葉など全体の様子をよく確認して入手
することが大切。また、つぎ木苗やワクチン
苗（いずれも13ページ参照）などを利用す
ると病害虫の被害を受けにくく、収穫量アッ
プが期待できる。すでに何らかの病害虫が
発生している場所では、耐病性や抵抗性の
ある品種(12ページ参照)の利用もおすすめ。

苗は、大きすぎても
小さすぎてもダメ

　ホームセンターや園芸店の苗売り場
には、必ずしも植えつけに適したサイ
ズの苗ばかりが売られているとは限り
ません。もし、大きすぎる苗か小さす
ぎる苗しかなかったら、小さい苗を選
びましょう。大きすぎる苗は「老化苗」
ともいわれ、植えつけ後、新しい根を
出させるために下葉を落としてしまい、
次に株が回復するころには暑さがやっ

てきて、生育後半の実つきが悪くなり
ます。

　小さい苗は、そのままの状態で植える
と、肥料を吸収しすぎて茎葉ばかりが
茂り、果実がつかない「つるボケ」にな
る可能性があります。いったん4〜5
号（直径12〜15cm）鉢に植え替えて、
第一花房に蕾がつくまで育てましょう。
購入時の3号（直径9cm）のポリポット
のまま育てると、地上部が育つ前に根
鉢が回って窮屈になり、株が小さいまま
老化苗になります。

地植え（畑）の場合

植え穴をあけて水を注ぐ

株の間隔を45〜50cm、2列植えの場合は列の間隔を60cmとって、マルチ穴開け器などで、マルチに植え穴をあける。ジョウロのはす口を外して注ぎ口に手を添え、植え穴にたっぷりと水を注ぐ。

花の向きをそろえて並べる

トマトの花は、すべて第一花房と同じ向きにつく。1列植えの場合は同じ方向に、2列植えの場合は、それぞれの列の花が通路側を向くようにそろえて、いったん並べる。

苗を植え穴に入れる

穴に注いだ水が引いたら、ポリポットから苗を取り出して、根鉢を崩さずに穴に植える。掘り上げた土を株元に寄せて、手で軽く押さえる。

プランター植えの場合

鉢底石と土を入れる

深さ、直径ともに約30cmのプランターを用意する。水はけがよくなるように、プランターの底が見えなくなる厚さに鉢底石を入れ、上から元肥入りの野菜用培養土を入れる。

植え穴に水を注ぐ

プランターの縁から2〜3cm下まで土を入れたら、表面をならして中央に1か所、植え穴をあける。植え穴に、はす口を外したジョウロでたっぷりと水を注ぎ入れる。

植え穴に苗を入れる

ポリポットから苗を取り出して植え穴に入れ、株元に周囲の土を寄せて手で軽く押さえる。

支柱立て（1本仕立て）

適期＝4月下旬〜5月中旬

支柱で株を支えないと、葉や果実の重みで倒れたり、
茎が折れたり、土に触れて病気に感染したり、果実が傷んだりする。
直径約2cm、長さ210〜240cmの支柱を立てて支える。

支柱の立て方いろいろ

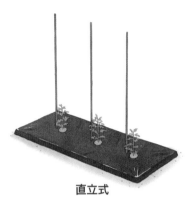

直立式

株のわきに、1株につき1本の支柱をまっすぐに立
てるスタイル。狭いスペースでの栽培に向くが、
強度はいまひとつ。横にも支柱を渡して隣の支柱
と結ぶように補強すると、強風にも比較的耐えら
れるようになる。プランター栽培にも適する。

合掌式

育てる株数が多く、畑で2列植えで栽培するとき
におすすめのスタイル。株のわきに立てた支柱を
上部で交差させ、横にも支柱を渡して固定する。
頑丈で強風にも耐えるが、2列分のある程度のス
ペースが必要。

ピラミッド式

株から10〜15cm離れたところに、3本の支柱をバ
ランスよく立てて上で束ねるスタイル。支柱の本
数が必要だが、しっかりと株を支えられて倒れに
くい。育てたい株数が少ない場合におすすめで、
プランター栽培にも適する。

あんどん式

1株に1セットが基本。60cm四方の四隅に支柱を
立てて高さ30cm間隔にひもを渡し、そこに茎を誘
引する。地面と平行に誘引できるので、摘心（58
ページ参照）のタイミングを遅らせることができ、
長期間の栽培が可能。日当たりと風通しがよいた
め収穫量も増える。プランター栽培にも適する。

こんな支柱もある

NP-T.Narikiyo

仮支柱

長い支柱を「本支柱」とも呼ぶのに対し、仮に立てる短い支柱のことをいう。小さいうちは株のわきに長さ70〜80cmの細い支柱を、茎に対して斜め45度に立てて茎を支えるとよい。

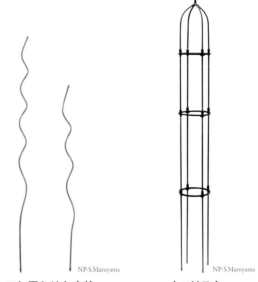

NP-S.Maruyama

トマト用らせん支柱

ひもを使わずに茎を誘引できるトマト専用の支柱。伸びた茎を支柱に絡ませればよいだけなので、手軽で栽培後の片づけもラク。プランター栽培にもおすすめ。

NP-S.Maruyama

オベリスク

つる性のバラやクレマチスなどでおなじみのオベリスクは、トマト用の支柱にもおすすめ。伸びた茎を、らせん状に誘引しながら育てる。プランターや庭先での栽培にも。

2つの野菜を混植
合掌式のアイデア栽培

　倒れないように支柱はしっかり立てたいけれど、畑が狭く、トマトを2列も植えるのはちょっと……。そんなときにおすすめなのが、1列ごとに、同じ時期に育つ異なる野菜を育てる方法です。例えば、トマトを1列植えたら、もう1列にはキュウリを植えれば省スペースになります。

キュウリ　　　　　　　　　　トマト

基本 茎を誘引する 適期＝4月下旬〜収穫終了まで

支柱を立てたら、麻ひもなどで茎を誘引する。
せっかく支柱を立てても、誘引して支柱に固定しなければ株が倒れてしまう。
誘引には、成長の方向を誘導する目的もある。

茎は成長すると太くなるので
ひもにゆとりをもたせる

　支柱を立てたらすぐに、茎を支柱に結びつけます（誘引）。トマトの茎は旺盛に伸びるので、誘引は1週間に1回を目安に行うのがおすすめです。

　一般的には麻ひもなどを使いますが、ひもを結ぶのが大変なら、誘引用のワイヤーやクリップなどを使う方法もあります。

Column

誘引とわき芽かきで
主枝を順調に育てる

　トマトには、株の最も高い位置にある芽が優先的に成長する性質があります。誘引を怠ると葉や果実の重みで主枝が傾き、主枝より高い位置のわき芽の成長が優先されてしまいます。さらに、わき芽かき（47ページ参照）をさぼってしまうと、わき芽がぐんぐん大きく伸びてしまい、主枝の生育はますます悪くなります。

　誘引とわき芽かきはこまめに行って、主枝の順調な生育を促しましょう。

茎にひもをかける
花や果実を傷つけないよう花房の直下を避けて、茎にひもを回しかける。

ひもを2〜3回ねじる
ひもを8の字に2〜3回ねじる。成長後に茎が太くなっても傷まないように、少しゆとりをもたせておく。

支柱に結ぶ
ひもを支柱に回しかけ、ほどけないようにしっかりと結ぶ。長すぎた場合はハサミで切る。

トライ 雨よけ栽培

適期＝4月下旬〜収穫終了まで

乾燥したアンデス高地で生まれたトマトは、雨も湿気も苦手。
病気にかかったり、雨で果実の皮が裂けたりするのを防ぎたいなら、
畝全体をポリフィルムで覆う雨よけ栽培をすると効果がある。

雨よけ栽培で裂果を防いで
樹上完熟を目指そう

家庭菜園では、果実の皮にひびが入ったり、果実が割れてしまったりすることがあります。この症状は「裂果」といい、特に皮が柔らかい大玉トマトでよく見られる生理障害です（原因の詳細は90〜91ページ参照）。裂果しても味は変わりませんが、ひび割れた部分から虫が入ったり、カビが生えたりして食べるときに手間がかかります。雨よけ栽培で防ぎましょう。

雨よけ栽培は梅雨対策になるほか、泥はねや湿気を防いで病害虫の発生を減らす効果も期待できます。

雨よけ栽培の様子。できれば植えつけ直後、遅くとも梅雨入り前には設置して、雨と湿気からトマトを守る。市販の雨よけ栽培用キットも販売されており、畝幅に合わせた製品を選ぶとよい。

NP-T.Narikiyo

① アーチ支柱を立てる

NP-T.Narikiyo

植えつけ、支柱を立てたあと、畝幅に合わせて、70〜80cm間隔でアーチ状の支柱を立てる。

② 支柱を渡して補強する

NP-T.Narikiyo

両サイドと天井に計3本、畝と同じくらいの長さの支柱を渡して補強する。これで、支柱の骨組みは完成。

③ ポリフィルムで覆う

NP-T.Narikiyo

支柱の骨組みの屋根を透明なポリフィルムで覆い、留め具でしっかりと固定する。

トライ 2本仕立て 適期＝4月下旬〜5月中旬

主枝だけを伸ばす1本仕立てに対し、主枝＋側枝1本の合計2本を伸ばす栽培方法。
収穫量は、1本仕立ての約1.5倍になる。

第一花房のすぐ下の
わき芽を伸ばして側枝に

生育が旺盛なミニトマトと中玉トマトに適した方法で、大玉トマトには不向きです。わき芽を1本伸ばすこと以外、1本仕立て（38ページ参照）と同じように育てられます。

いちばんのメリットは収穫量が多いこと。ミニトマトと中玉トマトの1本仕立てでは、7段目（下から7番目の花房・果房）まで収穫できれば上出来とされますが、2本仕立てでは、上手に育てれば主枝と側枝に各5段以上、合計10段以上の果実がつきます。

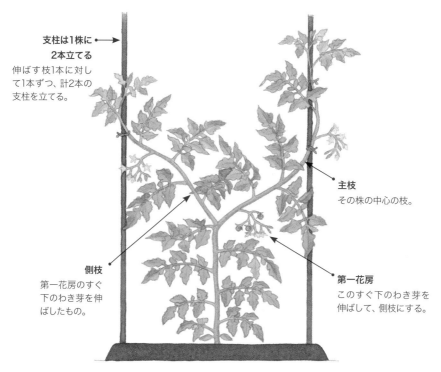

支柱は1株に
2本立てる
伸ばす枝1本に対して1本ずつ、計2本の支柱を立てる。

主枝
その株の中心の枝。

側枝
第一花房のすぐ下のわき芽を伸ばしたもの。

第一花房
このすぐ下のわき芽を伸ばして、側枝にする。

1本仕立てでは、すべてのわき芽を摘み取って主枝1本のみ伸ばすが、2本仕立てでは、第一花房のすぐ下のわき芽のみを残して側枝も1本伸ばす。トマトなどのナス科野菜には、最初についた花の直下のわき芽が最も丈夫で勢いよく育つ性質があり、これを利用した栽培方法。

NP-N.Watanabe

堆肥のみ倍量にして1列植え

2本仕立ての場合は、必ず1列植えにする。土作り
は堆肥のみ通常の倍量の9〜12ℓ／㎡にして、幅
60cmの畝を立てる。株間50cmで苗を植え、長さ
70〜80cmの仮支柱を立てる。

NP-N.Watanabe

支柱を立てる

苗から25cm離れたところに、畝の長い辺に沿って
1株につき2本ずつ支柱を立てる。長さ210〜240
cm、直径約2cmの支柱がおすすめ。上下に、畝と
同じくらいの長さの支柱を立てて補強する。

NP-N.Watanabe

支柱立ての完成

本支柱が立った。

NP-S.Maruyama

本支柱に誘引する

茎が本支柱に届くくらいまで伸びたら、麻ひもな
どで誘引する。主枝と側枝を別々の支柱に誘引し、
2本の茎をY字形に伸ばしていくとよい。

🔰トライ ソバージュ栽培　適期＝4月下旬〜5月中旬

ソバージュとはフランス語で「野生の」という意味。
その名のとおり、わき芽をほとんど放置してワイルドに育てる。
ほったらかし栽培をしたい人向き。

●土作り

・苦土石灰 … 100〜150g／㎡

・牛ふん堆肥 … 9〜12ℓ／㎡

・化成肥料 … 200g／㎡

・熔リン … 50g／㎡

ラクにたくさん
収穫できるのがメリット

ミニトマトと中玉トマトでチャレンジできます。一つ一つの果実を充実させたい大玉トマトには適しません。

左写真のように育てるなら、1.5〜2m間隔で幅60㎝の畝を2本立て、株間1mで苗を植えつけ。2つの畝にまたがるように大型のアーチ支柱を立てて園芸用ネット（10㎝角目）を張り、茎が伸びたらビニールテープなどでまとめて持ち上げるように誘引します。

株元の風通しをよくするため、第二花房より下のわき芽はすべて摘み取ります。また、第一果房の果実を収穫したら、第二果房より下の葉もすべて摘みます。

家庭菜園で挑戦するなら
プランター栽培で
グリーンカーテンに！
グリーンカーテンにすれば、家庭菜園に取り入れやすい。幅60㎝×奥行き30㎝×深さ30㎝程度、容量25〜30ℓの大きめのプランターに1株植え、支柱で作った骨組みに園芸用ネットを張って育てる。ワイルドに茂った茎が、日よけにぴったり。

今月の主な作業

（基本）植えつけ　（基本）支柱立て
（基本）誘引　（基本）わき芽かき
（基本）人工授粉
（トライ）雨よけ栽培　（トライ）2本仕立て
（トライ）ソバージュ栽培
（トライ）さし木

（基本）基本の作業
（トライ）中級・上級者向けの作業

5月のトマト

　中旬まで植えつけ適期が続きます。夏越し前に株がしっかり育っていないと秋まで収穫できないため、適期を守って植えつけます。

　4月に苗を植えたものは、わき芽が伸びてきます。わき芽は週に1回は摘み取り、同時に主枝の誘引も行いましょう。

　第一花房に花が2～3輪咲いたら、人工的に雄しべの花粉を雌しべに受粉させる人工授粉を行います。その後、第一果房に果実がついてふくらみ始めたら、追肥をスタート。以後は収穫終了まで2週間に1回（プランターの場合は1週間に1回）、定期的に肥料を施して株のスタミナ切れを防ぐことが大切です。

開花後、果実がついてふくらみ始めたところ。
追肥を行うタイミング。

主な作業

（基本）植えつけ

　4月に準じます（36～37ページ参照）。5月中旬までに済ませましょう。植えつけが遅れると、老化苗しか入手できなくなって植えつけ後の生育が悪くなり（36ページ参照）、猛暑の前に株が十分に育たず、夏越しできずに収穫を終える可能性もあります。

（基本）支柱立て

　植えつけ後は、すぐに支柱を立てて株を支えます。4月に準じます（38～39ページ参照）。

（基本）誘引

　週に1回、伸びた茎を麻ひもなどで支柱に結びます。4月に準じます（40ページ参照）。

（基本）わき芽かき

週に1回、小さなうちに摘む

　伸びたわき芽を小さなうちに摘み取ることで養分の分散を防ぎ、果実を大きくたくさん育てます。

（基本）人工授粉

　大玉トマトでは、必ず行います。第一花房に2～3輪花が咲いたら、人工

NP-N.Watanabe

第一花房だけでなく第二花房以降も人工授粉を行うと、タネがたくさんできて内部のゼリー質が充実し、おいしくなる。果実も重くてずっしり。

今月の管理

- ☀ プランター植えの場合は、日当たりと風通しのよい、雨の当たらない戸外
- 🌊 地植えの場合は、自然にまかせる
  プランター植えの場合は、土が乾いたらたっぷり
- 🎲 追肥
- 🐛 モザイク病、アブラムシ類、ハモグリバエ類

的に受粉させて確実に果実をつけさせます。トマトには、第一花房に果実がつくと、その後の実つきもよくなる性質があります。逆に、第一花房に果実がつかないと、茎葉ばかりが育って実つきが悪い「つるボケ」を起こします。

トライ 雨よけ栽培

支柱の骨組みとポリフィルムを設置してトマトを雨や湿気から守り、病気や裂果を防ぎます。梅雨入り前に設置すれば雨と湿気対策になります。4月に準じます（41ページ参照）。

トライ 2本仕立て

主枝のほかに、第一花房の下のわき芽を伸ばす方法で、収穫量が増えるメリットがあります。ミニトマトと中玉トマトで実践できます。4月に準じます（42〜43ページ参照）。

トライ ソバージュ栽培

基本的にわき芽かきや誘引を行わず、放任で育てる方法です。4月に準じます（44ページ参照）。

トライ さし木

伸びたわき芽で苗を作る

うっかり伸びてしまったわき芽をさし木すれば、新しい苗を作れます。

管理

🌊 地植えの場合

🌊 水やり：基本的には自然にまかせる

苗の植えつけ直後は、たっぷり水をやって根の活着を促します。植えつけ後、1週間ほどで根が活着するので、それ以降の水やりは基本的に不要です。

🎲 肥料：追肥

第一果房の果実がふくらみ始めたら、追肥を始めます。以降は2週間に1回、定期的に追肥して肥料切れを防ぎます。株が小さいうちは、1株につき、株元に化成肥料1つまみ（約3g）か、ぼかし肥1握り（約30g）を施します。

植えつけ時には、植え穴に水を注ぎ入れてから苗を植え、植え終わったらたっぷりと水をやる。これによって根が水を求めて伸び、活着がよくなる。

NP-T.Narikiyo

🪴 プランター植えの場合

☀ **置き場：日当たりと風通しのよい、雨の当たらない戸外**

💧 **水やり：土が乾いたらたっぷり**

　土が乾いたら、プランターの底から水が流れ出るくらいたっぷりやります。

🎲 **肥料：追肥**

　地植えの場合と同様に、1週間に1回の定期的な追肥をスタートします。プランター全体に化成肥料1つかみ（約10g）か、ぼかし肥100gを施し、土と肥料を軽くなじませておきます。規定倍率に希釈した液体肥料を、1週間に1回、水やり代わりに施す方法もあります。水やりのたびに肥料分が流失するため、忘れずに行いましょう。

〰🪴 病害虫の防除

　モザイク病、アブラムシ類、ハモグリバエ類に注意します（防除法は72〜75ページ参照）。

**わき芽かきは、
晴れた日の午前中に行う**

　わき芽を摘み取った痕は、トマトにとっては傷口です。雨の日や夕方に作業を行うと、雨や夜露のせいで傷口がいつまでも乾かず、病原菌の侵入口になりかねません。傷口が速やかに乾くよう、わき芽かきは晴れた日の午前中に行いましょう。

基本 わき芽かき

適期＝5月上旬〜収穫終了まで

植えつけの1週間後から、週に1回行う。放置すると大きくなって花や果実がついてしまい、養分が分散されて主枝の実つきが悪くなる。

わき芽が伸びたところ
わき芽は、主枝についた葉のつけ根から出る。

わき芽を摘み取る
小さいうちに、手で摘み取る。大きく伸びてしまった場合は、清潔なハサミで切る。同じところから何度も発生するので、こまめにチェックしよう。

47

基本 人工授粉 | 適期＝5月上旬〜下旬

第一花房の花が2〜3輪咲いたら、人工的に受粉させる。特に、大玉トマトでは必ず行う。
方法は下記の4つ。確実に着果させ、その後の実つきをよくする効果がある。
気温が上がって昆虫の活動が活発になる第二花房以降では、
必ずしも行わなくてもよいが、行うと果実が充実する。

筆でなでる
柔らかい絵筆などで、花全体をやさしくなでる。

耳かきの梵天でなでる
梵天つきの耳かきを用意し、梵天で花の中心部を
軽くなでる。

電動歯ブラシで揺らす
トマトの花粉は、振動で落ちても受粉する。花茎
に電動歯ブラシを当てて、軽く振動させて受粉を
助ける。

人工授粉の代わりに

着果促進剤をかける
着果促進剤を1回だけ花にかける。2度がけする
と実の形が悪くなるため、必ず1回だけかける。株
数が多いときに手軽に行える。

追肥

適期＝5月下旬〜収穫終了の2週間前まで

第一果房の果実がふくらみ始めたら、追肥を開始。以後は2週間に1回（地植えの場合）、定期的に行って株が疲れないようにする。株がまだ小さいうちは、株元に施肥する。

追肥スタートのタイミングが大切

トマトは、元肥など生育初期の肥料分が多いと、茎葉ばかりが茂って実つきが悪くなる「つるボケ」を起こします。植えつけ後は、果実がついてふくらみ始めてから追肥をスタートすることが大切です。

地植え（畑）の場合

株がまだ小さいので株元に施す。マルチをしている場合は、マルチの各穴の株元に化成肥料1つまみ（約3ｇ）か、ぼかし肥1握り（約30ｇ）を施す。

プランターの場合

化成肥料1つまみ（約10ｇ）か、ぼかし肥100ｇを土の表面全体に施す。規定倍率に希釈した液体肥料を1週間に1回、水やり代わりに施してもよい。

さし木

適期＝5月中旬〜6月下旬

わき芽が大きく育ってしまったら、それを利用して新しい苗を作ることもできる。植えつけ後、35〜60日で収穫できる。

用意するもの
3号（直径9㎝）のポリポット、さし木用培養土、割り箸、伸びたわき芽（長さ5〜6㎝以上のもの）

1 わき芽を土にさす

わき芽は、20〜30分間水につける。ポリポットにさし木用培養土を入れ、中央に割り箸で植え穴をあける。グラつかない深さまでわき芽をさして手で軽く押さえ、水やり。

2 2〜3週間、育苗する

半日陰で2〜3週間育てる。新しい本葉が3枚以上出て花房がつき、ポリポットの下から白い根が見えたら植えつけできる。

1月 2月 3月 4月 **5月** 6月 7月 8月 9月 10月 11月 12月

49

6月

今月の主な作業

- 基本 誘引　基本 わき芽かき　基本 収穫
- 基本 下葉かき　基本 摘果（大玉トマト）
- 基本 梅雨対策
- トライ 雨よけ栽培　トライ 2本仕立て
- トライ ソバージュ栽培　トライ さし木
- トライ アミノ酸肥料の葉面散布

基本 基本の作業

トライ 中級・上級者向けの作業

6月のトマト

　4月に植えたミニトマトは6月中旬、中玉トマトは6月下旬ごろから収穫が始まります。収穫適期の果実を放置すると、熟しすぎて味が悪くなります。適期に収穫することが大切です。収穫中も、週に1回の誘引とわき芽かき、2週間に1回（プランターの場合は1週間に1回）の追肥は継続しましょう。株のスタミナを維持するために重要な作業です。

　収穫が始まるころは梅雨入りと重なります。雨と湿気が苦手なトマトに多くの病害虫が発生し始める時期です。人間とは違い、植物の病気はいったん感染すると治りません。マルチングや水はけの改善、適切な管理作業など、あの手この手で対策を講じましょう。

収穫適期を迎えたミニトマト。房ごと収穫する楽しみもある。

NP-S.Oizumi

主な作業

基本 誘引

　週に1回、伸びた主枝を麻ひもなどで支柱に固定します。4月に準じます（40ページ参照）。

基本 わき芽かき

　わき芽は週に1回、小さいうちに摘み取って養分の分散を防ぎます。5月に準じます（47ページ参照）。

基本 収穫

　ミニトマトと中玉トマトは、収穫が始まります。へたのきわまで色づいた果実から順次、収穫します。房全体が色づいていたら、房ごと切って収穫する方法もあります。

基本 下葉かき

　収穫がすべて終わった果房より下の葉をかき取って、株元の日当たりと風通しをよくします。病害虫の予防になり、梅雨対策にも有効です。

基本 摘果（大玉トマト）

　一つ一つの果実を大きく育てる大玉トマトのみ必要な作業です。1果房が4〜5果になるように小さな果実を摘み取り、残した果実を大きく育てます。

今月の管理（地植えの場合）

🌱 自然にまかせる

🎲 追肥

🦠 モザイク病、疫病、
葉かび病、アブラムシ類、
ハモグリバエ類、
オオタバコガなど

基本 梅雨対策

複数の対策を組み合わせると効果的

　湿気や、雨による泥のはね返りが原因となる病気や虫の被害を予防するため、さまざまな対策が必要です。

　畑でポリマルチを張っていない場合は、畝全体にワラを敷いて雨による泥のはね返りを防ぎます。通路を軽く耕したり、溝を掘ったりして水たまりができないようにすることも過湿対策に。

　プランターは雨の当たらない場所に置くのが基本ですが、難しい場合はヤシの繊維などで地表面を覆って、雨による泥のはね返りを防ぎます。

トライ 雨よけ栽培

　梅雨入り前に行うと、梅雨対策にもなります。4月に準じます（41ページ参照）。

トライ 2本仕立て

　4月に準じます（42〜43ページ参照）。

トライ ソバージュ栽培

　4月に準じます（44ページ参照）。

トライ さし木

　伸びたわき芽を利用して、新しい苗を作ることができます。5月に準じます（49ページ参照）。

トライ アミノ酸肥料の葉面散布

　実にグリーンベース（55ページ参照）が出たタイミングでアミノ酸肥料を葉に散布すると、甘く、うまみの強い果実になります。

管理

🌊 地植えの場合

🌱 **水やり：基本的には自然にまかせる**

🎲 **肥料：追肥**

　2週間に1回の追肥を継続します。畝の肩に化成肥料30g／㎡か、ぼかし肥300g／㎡を施します。

🌊 病害虫の防除

🦠 **さまざまな病害虫に注意**

　病害虫が多発し始めます。対策が必要です（防除法は72〜75ページ参照）。

今月の管理（プランター植えの場合）

- ☀ 日当たりと風通しのよい、雨の当たらない戸外
- 💧 土が乾いたらたっぷり
- 🔅 追肥
- 🦠 モザイク病、疫病、葉かび病、アブラムシ類、ハモグリバエ類、オオタバコガなど

管理

🪴 プランター植えの場合

☀ **置き場：日当たりと風通しのよい、雨の当たらない戸外**

💧 **水やり：土が乾いたらたっぷり**

　土が乾いたら、プランターの底から水が流れ出るくらいたっぷりやります。梅雨どきは、過湿に注意します。

🔅 **肥料：追肥**

　地植えの場合と同様に、1週間に1回の追肥を継続します。プランター全体に化成肥料1つかみ（約10g）か、ぼかし肥100gを施します。規定倍率に希釈した液体肥料を、1週間に1回、水やり代わりに施す方法もあります。

🪴 病害虫の防除

🦠 **さまざまな病害虫に注意**

　病害虫が多発し始めます。対策が必要です（防除法は72〜75ページ参照）。

基本 ## 収穫
（ミニトマト、中玉トマト）

適期＝6月中旬〜10月中旬（ミニトマト）、6月下旬〜9月中旬（中玉トマト）

ミニトマトと中玉トマトは、収穫シーズンとなる。大玉トマトの収穫開始までは、あと1か月ほどかかる。

NP-S.Maruyama

へたのきわまで色づいた完熟果から順次、ハサミで切り取る。

NP-N.Watanabe

ミニトマトと中玉トマトは、房全体が色づいていたら房ごと切り取ってもよい。

基本 下葉かき

適期＝6月下旬〜収穫終了まで

収穫をすべて終えた果房より下の葉は、摘み取る。株元の日当たりと風通しがよくなり、病害虫の予防にもなる。

収穫を終えた果房より下の葉は
あまり意味がない

　トマトなどの実もの野菜では多くの場合、主に果実より下の葉で作られた養分（ブドウ糖などの炭水化物）が果実に運ばれます。そのため、果実より下の葉はとても重要。病害虫の被害がないかぎり、大切に育てましょう。

　ただし、収穫が終わると役目を終えます。収穫後は、摘み取っても生育にはまったく問題ありません。

追肥

適期＝5月下旬〜収穫終了の2週間前まで

株が大きく育つと、草丈と同じくらい根も広範囲に伸びる。肥料は根の先端から吸収されるため、追肥は畝の肩に施す。プランター植えの場合は、5月同様、表面の土全体に施す（49ページ参照）。

マルチを張っている場合は、すそをいったんはがして畝の肩に施す。化成肥料30g／㎡か、ぼかし肥300g／㎡が目安。肥料を土と軽くなじませて、マルチのすそを元に戻す。

基本 摘果（大玉トマト）

適期＝6月上旬〜7月下旬

果実がピンポン玉くらいのサイズになったら、1果房につき4〜5果になるように小さな果実を摘む。

小さな果実を摘むことで
残す果実が大きく甘くなる

　摘果のいちばんの目的は、残す果実に養分を回して、大きく甘く育てること。養分の分散を防ぐことで、株が疲れるのを防ぐ効果もあります。

　この作業は、大玉トマトの場合のみ行います。ミニトマトと中玉トマトは果実が小さいうえに株の勢いが強く、株に負担がかからないため必要ありません。

①

摘果前の様子

1果房に果実が5個ついているが、先端の1つは極端に育ちが悪い。

②

ハサミで切り取る

生育が悪くて小さい果実をハサミで切り取り、4果を残して育てる。

53

基本 梅雨対策 | 適期＝6月中旬〜7月中旬

雨と湿気を嫌うトマトを守るため、梅雨入り前から対策を。

地植え（畑）の場合

まず、畑の水はけをよくして、水たまりができないようにすることが大切です。通路が硬く踏み締められている場合は、クワなどで軽く耕して軟らかくし、水が抜けやすくします。ポリマルチを張らずに栽培している場合は、畝の表面の土も硬く締まっている可能性があります。クワや移植ゴテで表面を軽くほぐしましょう。

雨による泥のはね返りも、病気の原因になります。マルチを張っていない場合は、畝全体が隠れるくらいにワラを敷くと泥はね防止になります。

雨よけ栽培の支柱とポリフィルムを設置すれば、雨が茎葉や果実に直接当たるのを防げて、より効果的です。

通路の中耕。踏み締められた土をほぐして、排水性をよくする。水はけの悪い畑では、畝の周囲に溝を掘るとなおよい。

雨上がりの畑にできた水たまり。水はけが悪くなっている証拠なので、溝を掘る、軽く耕すなど水が抜けやすくなる対策を。

敷きワラは、梅雨どきには泥のはね返り防止に、梅雨明け後の猛暑時には土の乾燥防止に役立つ。害虫を捕食する天敵のすみかにも。

プランター植えの場合

　雨の当たらない軒下などに置くのが基本ですが、難しい場合には畑と同様に、水はけ改善と泥はね対策を行います。土が締まって水はけが悪くなっていたら、全体に割り箸をさして水が抜けるようにしましょう。

　ポリマルチの代わりにヤシの繊維で地表を覆ったり、プランター専用のマルチング用資材を活用したりすれば、泥はね防止の対策になります。

NP-M.Fukuda

ヤシの繊維。手で軽くほぐしてから、土が見えなくなるくらいに敷く。

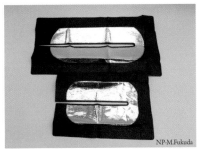

NP-M.Fukuda

プランター専用のマルチング用資材も販売されている。

トライ アミノ酸肥料の　　葉面散布

適期＝6月上旬〜9月下旬

果実にグリーンベースが出たら、作業のタイミング。葉や果実が肥料分を直接吸収して、味が濃くおいしくなる。

アミノ酸配合の　液状の肥料がおすすめ

　グリーンベースとは果実が色づき始めるサインで、多くの品種ではへたのほうから、富士山の綿帽子のような感じで濃い緑色が出てきます。これが出たタイミングで葉と果実に葉面散布用のアミノ酸肥料を施すと、味が濃くておいしい果実になります。

　液状の肥料が使いやすくおすすめで、園芸店やホームセンターなどで簡単に入手できます。

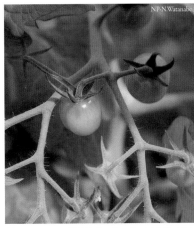

NP-N.Watanabe

グリーンベースが出たミニトマト。このタイミングで、アミノ酸入りの葉面散布用肥料を散布するとよい。

今月の主な作業

基本 誘引　基本 わき芽かき　基本 収穫
基本 下葉かき　基本 摘果（大玉トマト）
基本 梅雨対策　基本 摘心　基本 株の片づけ
トライ 雨よけ栽培　トライ 2本仕立て
トライ ソバージュ栽培　トライ アミノ酸肥料の葉面散布
トライ つる下ろし　トライ 暑さ対策

基本 基本の作業
トライ 中級・上級者向けの作業

7・8月のトマト

　7月は収穫最盛期です。ミニトマト、中玉トマトは本格的な収穫がスタート。大玉トマトは、待ちに待った収穫が始まります。

　梅雨が明けると、猛暑と乾燥がやってきます。ジメジメした梅雨の最中と、梅雨明け後の高温乾燥下とでは、発生する病害虫の種類が異なります。こまめに観察して、早期の防除を心がけましょう。

　8月後半になると、特に大玉トマトは株が疲れて、花や果実がつきにくくなります。こうなったら、収穫は終了。早めに株を片づけましょう。上手に育てれば、ミニトマトは10月中旬、中玉トマトは9月中旬まで収穫できます。

収穫した大玉トマト。きちんと手をかければ、大きくておいしい果実ができる。

NP・N.Watanabe

主な作業

基本 **誘引**

　収穫終了まで、週に1回続けます。4月に準じます（40ページ参照）。

基本 **わき芽かき**

　収穫終了まで、週に1回続けます。5月に準じます（47ページ参照）。

基本 **収穫**

　6月に準じます（52ページ参照）。大玉トマトの収穫が始まります。

基本 **下葉かき**

　収穫を終えた果房より下の葉は、すべて摘み取ります。6月に準じます（53ページ参照）。

基本 **摘果（大玉トマト）**

　6月に準じます（53ページ参照）。

基本 **梅雨対策**

　梅雨明けまでは対策を続けます。6月に準じます（54～55ページ参照）。

基本 **摘心**

主枝の先端を切り詰める

　大玉トマトは第五花房の上で、ミニトマトと中玉トマトは主枝が支柱の高さを超えたら、主枝の先端を切る摘心を行い、収穫する果実を充実させます。また、茎の上のほうに手が届かなくな

今月の管理

❄ プランター植えの場合は、
日当たりと風通しのよい、雨の当たらない戸外

💧 地植えの場合は、自然にまかせる
プランターは、土が乾いたらたっぷり

🎲 追肥

🦠 モザイク病、疫病、萎凋病、アブラムシ類、
ハモグリバエ類、オオタバコガ、トマトサビダニなど

り、管理できなくなるのを防ぐ目的も
あります。摘心しない場合はつる下ろ
し（60ページ参照）をして、手が届く
範囲で栽培できるようにします。

基本 株の片づけ

8月後半、株が疲れてきたら片づけ
ます。無理に栽培を続けると、病害虫
の温床になる可能性があります。

トライ 雨よけ栽培

4月に準じます（41ページ参照）。

トライ 2本仕立て

4月に準じます（42〜43ページ参
照）。

トライ ソバージュ栽培

4月に準じます（44ページ参照）。

トライ アミノ酸肥料の葉面散布

6月に準じます（55ページ参照）。

トライ つる下ろし

ミニトマトと中玉トマトを主枝を摘
心せずに栽培を続ける方法。すべて
の誘引ひもを外して株全体をずり下ろ
し、誘引し直します。

トライ 暑さ対策

黒い寒冷紗での遮光、着果促進剤の
噴霧で、花つきと実つきを促します。

管理

〰 地植えの場合

💧 **水やり：基本的には自然にまかせる**

🎲 **肥料：追肥**

2週間に1回、化成肥料30g／㎡か、
ぼかし肥300g／㎡を施します。

🪴 プランター植えの場合

❄ **置き場：日当たりと風通しのよい、雨
の当たらない戸外**

💧 **水やり：土が乾いたらたっぷり**

梅雨明け後は、乾燥による水切れに
注意が必要です。夏場は、気温が上が
り始める午前9時までに済ませます。
日中しおれたら、夕方にもやります。

🎲 **肥料：追肥**

1週間に1回の追肥を継続します。プ
ランター全体に化成肥料1つかみ（約
10g）か、ぼかし肥100g、または規定
倍率に希釈した液体肥料を施します。

〰🪴 病害虫の防除

🦠 **梅雨どきと梅雨明け後で異なる**

こまめな観察と、柔軟な対応が必要
です（防除法は72〜75ページ参照）。

基本 収穫（大玉トマト）

適期＝7月上旬〜8月下旬

ミニトマト、中玉トマトに続いて
大玉トマトも収穫期を迎える。

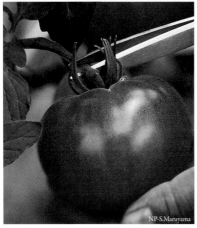

NP-S.Maruyama

1果ずつハサミで切る
へたのきわまで色づいた完熟果を、1つずつハサ
ミで切り取って収穫する。

NP-S.Maruyama

軸を切り詰める
へたの軸が長く残っていると、収穫したほかの果
実を傷つけることがあるので、ハサミで切り詰め
るとよい。

基本 摘心

適期＝7月上旬〜8月上旬

大玉トマトは第五花房の上で、ミニト
マトと中玉トマトは主枝が支柱の高さ
を超えたら先端を切って成長を止める。

養分の分散を防ぐと同時に
管理しやすくする

花房の上の葉を2枚残して先端を切
り、茎葉の成長を止めます。この作業
を摘心といいます。大玉トマトでは、
茎葉の成長に使われていた養分が果実
に回って果実が大きくなります。ミニ
トマトと中玉トマトではさらに、手が届
く範囲で作業ができ、わき芽が伸び放
題になるのを防ぐメリットがあります。

ミニトマトと中玉トマトで株がまだ
元気な場合は、摘心せずにつる下ろし
（60ページ参照）をして、長く収穫を
続けるのがおすすめです。

NP-S.Oizumi

ミニトマトと中玉トマトの場合、主枝が支柱の高
さを超えたら、花房の上の葉を2枚残して先端を
ハサミで切る。

基本 株の片づけ

適期＝8月下旬以降（大玉トマト）、9月中旬以降（中玉トマト）、
10月中旬以降（ミニトマト）

株が老化して葉が黄色くなったり、花や果実の数が減ったり、
果実の形が悪くなってきたりしたら、株を片づける。

無理に収穫を続けると
病害虫発生の原因に

　8月後半になり、株が疲れて収穫終了のサインが見えたら、小さな果実が残っていても思いきって片づけましょう。おいしい果実が収穫できないだけでなく、弱った株が病害虫の温床になりかねません。

　根を引き抜いて2〜3日間放置し、茎葉を乾燥させておくと作業がラクになります。かさが1/10くらいにまで減って軽くなるほか、ゴミが減るメリットもあります。支柱は、よく洗って再利用します。マルチを張っている場合には、はがして処分します。

1 収穫終了のころの様子

株全体が枯れて、実つきが悪くなった株。こうなったら、収穫は終了。

3 茎を支柱から外す

株の上のほうの茎から順に、支柱から外していく。茎がすべて外れたら、支柱を抜く。

2 ひもを外す

誘引していたひもをハサミで切る。株の上のほうから行うとラク。

4 株を引き抜く

株元を持って、根を引き抜く。根が張っていて抜けない場合は、周囲にスコップの刃をさし込むとよい。

59

トライ つる下ろし 適期＝7月下旬〜9月下旬

株の勢いが強く、収穫期間が長いミニトマトと中玉トマトに
おすすめの方法。主枝を摘心しない代わりに、ずり下ろす。

株全体を低くして
手が届くようにする

　株が元気で摘心したくない場合は、
主枝をずり下ろす、つる下ろしを行い
ます。株全体を低くすることで、てっ
ぺんに手が届くようにする栽培方法で
す。収穫しやすくなるほか、株の上部
でわき芽が伸び放題になるのを防ぐこ
ともできます。

　誘引していたひもは、いったんすべ
て外し、主枝をずり下ろしてから再度、
誘引し直します。茎が折れてしまわな
いよう、ていねいに行いましょう。

株元のあいたスペースに、つるを下ろす。株元に
たるませておく程度でよい。主枝が伸びるたびに、
何度か行うとよい。

実際に、つる下ろしをし
たところ。手が届く範囲
で管理できるようにする
ことが大切。

トライ 暑さ対策　適期＝7月下旬～9月上旬

冷涼なアンデス高地が原産地のトマトは、暑さが苦手。
日中の気温が35℃を超え、熱帯夜が続くと受精不良になり、
実つきが悪くなる。さまざまな対策で、夏越しさせよう。

地植え（畑）の場合

　雨よけ栽培用の支柱の骨組みに黒い寒冷紗をかけて、強い日ざしを遮ると、株の負担を軽減できます。ポリマルチを張っている場合は、その上にさらにワラを敷くと地温上昇効果をやわらげられます。着果促進剤も、高温下で実つきをよくするのに役立ちます。

ワラ

黒寒冷紗による遮光
すでに雨よけ栽培をしている場合は、透明なシートの上から黒い寒冷紗をかける。雨よけ栽培をしていないなら、新たに支柱を設置する。

NP-S.Maruyama

着果促進剤の散布
花房の花が2～3輪咲いたタイミングで着果促進剤を噴霧すると、実つきがよくなる。

プランター植えの場合

　プランターの側面に日ざしが当たり、床面からの輻射熱もあるプランター栽培では、畑以上に暑さの影響を受けます。日陰があれば移動させ、花台や脚台にプランターをのせて、床面から離しましょう。輻射熱の影響が減り、通気性もよくなります。

キャスターつきの花台なら、プランターを移動させるのもラク。

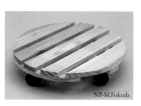

NP-M.Fukuda

プランター栽培
夏の水やりは涼しい時間帯に

　気温が上がってから水やりすると、土の中で熱せられてお湯のようになり、株が傷む原因に。夏の水やりは、気温が上がり始める午前9時までに済ませるのがベスト。
　株が大きく育つにしたがって葉の数が増えるため、蒸散量も多くなります。朝、水をやっても日中にしおれるようなら、水切れの証拠。夕方、気温が下がってからもう一度水やりしましょう。

61

今月の主な作業

- 基本 誘引　基本 わき芽かき　基本 収穫
- 基本 下葉かき　基本 摘心
- 基本 株の片づけ　基本 土の粗起こし
- トライ 雨よけ栽培　トライ 2本仕立て
- トライ ソバージュ栽培
- トライ アミノ酸肥料の葉面散布　トライ つる下ろし

基本 基本の作業
トライ 中級・上級者向けの作業

9～11月のトマト

　収穫終了のころです。最長で中玉トマトは9月中旬、ミニトマトは10月中旬ごろまで収穫できます。暑さが一段落すると、再び花つきや実つきがよくなることもあるので、株が枯れたように黄色くなっていなければ、栽培を続けてみましょう。そうでなければ、早めに株を片づけるのが無難です。

　10月に入り、気温が下がってから咲き始めたミニトマトの花は、小さな果実にはなっても完熟果の収穫は難しいといえます。半年以上、栽培を続けた株は老化しており、病害虫の被害も受けやすくなるため、早めに片づけるのが得策です。

株が枯れたミニトマト。こうなる前に株を片づけよう。

主な作業

基本 **誘引**

　収穫終了まで、週に1回行います。4月に準じます（40ページ参照）。

基本 **わき芽かき**

　収穫終了まで、週に1回行います。5月に準じます（47ページ参照）。

基本 **収穫**

　中玉トマトは9月中旬ごろ、ミニトマトは10月中旬ごろまで収穫できます。収穫の方法は6月に準じます（52ページ参照）。

基本 **下葉かき**

　収穫が済んだ果房より下の葉はすべて摘み取り、株元の日当たりと風通しをよくします。6月に準じます（53ページ参照）。

基本 **摘心**

　ミニトマトと中玉トマトは、主枝が支柱の高さを超えて伸びたら先端を切って摘心し、収穫する果実を充実させます。株の上部にまで手が届いて、管理しやすくなります。7・8月に準じます（58ページ参照）。

基本 **株の片づけ**

　株が疲れて花つきや実つきが悪く

今月の管理

❄ プランター植えの場合は、日当たりと風通しのよい、雨の当たらない戸外

💧 地植えの場合は、自然にまかせる。
プランター植えの場合は、土が乾いたらたっぷり

💠 追肥

🐛 青枯病、葉かび病、ハスモンヨトウ、トマトサビダニなど

なったり、葉が黄色くなってきたりしたら収穫終了のサインです。無理に収穫を続けずに、株を片づけましょう。7・8月に準じます（59ページ参照）。10月中に収穫を終えて新たに土作りを行えば、エンドウやソラマメ、タマネギなど冬越し野菜の栽培に間に合います。

基本 土の粗起こし

収穫終了後、11月までに土を粗く耕しておくと、冬場に行う土のリフレッシュ作業がラクになります。

トライ 雨よけ栽培

4月に準じます（41ページ参照）。

トライ 2本仕立て

4月に準じます（42〜43ページ参照）。

トライ ソバージュ栽培

4月に準じます（44ページ参照）。

トライ アミノ酸肥料の葉面散布

6月に準じます（55ページ参照）。

トライ つる下ろし

主枝を摘心せずに育てる場合は、つる下ろしをして管理しやすくします。7・8月に準じます（60ページ参照）。

管理

〜〜 地植えの場合

💧 **水やり：基本的には自然にまかせる**

💠 **肥料：追肥**

収穫終了の2週間前まで2週間に1回、化成肥料30g／㎡か、ぼかし肥300g／㎡を施します。

🥛 プランター植えの場合

❄ **置き場：日当たりと風通しのよい、雨の当たらない戸外**

💧 **水やり：土が乾いたらたっぷり**

残暑のうちは、気温が上がり始める午前9時までに済ませます。

💠 **肥料：追肥**

1週間に1回、プランター全体に化成肥料1つかみ（約10g）か、ぼかし肥100g、または、規定倍率に希釈した液体肥料を施します。

〜〜 🥛 病害虫の防除

🐛 **気温の低下とともに減る**

気温が下がるとともに、少なくなります（防除法は72〜75ページ参照）。

12・1月

基本 基本の作業

トライ 中級・上級者向けの作業

今月の主な作業

基本 寒起こし（地植え）

基本 培養土のリサイクル
（プランター植え）

トライ 石灰チッ素の散布（地植え）

トライ 天地返し（地植え）

トライ 培養土の太陽熱消毒
（プランター植え）

12・1月のトマト

　来シーズンに向け、土のリフレッシュに適した時期です。栽培後は土が疲れるだけでなく、病害虫が集積しやすくなります。トマトの栽培後は、トマトを好む病原菌や害虫が増え、連作障害（67ページ参照）の原因になります。畑が空く農閑期に、土の手入れをしましょう。

　冬にできる土のリフレッシュには、1月の厳寒期に土を寒風にさらす「寒起こし」があります。ほかに石灰チッ素の散布や、数年に1回は、土の表面に近い表土と、それより下の下層土を入れ替える「天地返し」を行うのがおすすめです。複数の方法を組み合わせると、病害虫防除の効果が高まります。プランター栽培では、使用済みの培養土をリセットすれば再利用できます。

寒起こし後の様子。約1か月間、土を塊のまま寒風にさらして病害虫を死滅させる。

主な作業

基本 寒起こし

　冬の寒さを利用した土のリフレッシュ方法です。1月になったら土を大きな塊で掘り返し、約1か月間、寒風にさらします。病害虫が死滅するうえ、土がフカフカになる効果もあります。

基本 培養土のリサイクル（プランター植え）

　栽培に使った土をふるい、市販のリサイクル剤を混ぜます。

トライ 石灰チッ素の散布

　石灰チッ素を散布してよく耕し、約1か月間放置する方法です。農薬成分が分解されたあとには石灰分とチッ素分が残り、肥料分の補給にもなります。

トライ 天地返し

　地表から深さ20〜30cmの表土と、それより下の下層土を入れ替える作業で、連作障害や病害虫被害がひどい畑におすすめです。数年に1回、行います。

トライ 培養土の太陽熱消毒（プランター植え）

　太陽熱を利用して、使用済みの培養土をリフレッシュさせます。栽培中に、病害虫の被害が発生してしまった場合におすすめの方法です。

基本 寒起こし（地植えの場合）

適期＝1月

冬の寒さを利用した、
昔ながらの土のリフレッシュ方法。

土を掘り起こして
約1か月間、放置する

　掘り起こした土の塊に含まれる水分が、夜間に寒さで凍結。日中には表面が解けて、乾燥します。これを繰り返すことで、次第に塊が崩れ、約1か月後にはフカフカの土になります。寒さで、土中の害虫や病原菌が死滅する効果もあります。

土を掘り起こす
スコップで、深さ30cmほどのところまで土を塊で掘り起こす。できるだけ、大きな塊で掘り、塊を崩さないことが大切。

約1か月間放置する
凍結した土の様子。約1か月間放置したあと、堆肥や腐葉土などの有機物を投入して耕しておくと、よりフカフカの土に。

基本 培養土のリサイクル
（プランター植えの場合）

適期＝栽培終了後、いつでも

使用済みの培養土に、市販の
リサイクル剤を混ぜて再生させる。

使用済み培養土は捨てずに再利用

　プランター栽培で困るのが、使用済みの土の扱い。ゴミとして捨てられない自治体も多いので、捨てずに再利用しましょう。土をふるいにかけてから、市販のリサイクル剤を投入します。リサイクル剤は、園芸店やホームセンターなどで入手できます。

ふるいで土をふるう
地上部を片づけたあと、目の粗いふるいで使用済み培養土をふるい、根を取り除く。

リサイクル剤を混ぜる
パッケージの表示を見て、規定量のリサイクル剤を投入し、よく混ぜる。リサイクル剤には石灰、堆肥、肥料が含まれており、作業後はすぐに栽培に利用できる。

65

トライ 石灰チッ素の散布（地植えの場合）

適期＝栽培終了後、いつでも

季節を問わずに行える土壌消毒の方法。

石灰チッ素を散布して
約1か月間放置する

石灰チッ素は「農薬肥料」ともいわれる資材で、センチュウ類、根こぶ病の病原菌、一年草の雑草のタネなどの駆除に効果があります。有効成分のカルシウムシアナミドが分解されたあとには、石灰分とチッ素分が残ります。

散布後は、冬は約1か月、春から秋は2～3週間おいてから栽培を始めます。農薬でもあるので取り扱いに注意し、散布時には手袋、マスク、ゴーグル、帽子、長袖を着用しましょう。

通路も含めて畑全体に石灰チッ素30g／㎡を散布し、クワでよく耕して放置する。

トライ 天地返し（地植えの場合）

適期＝栽培終了後、いつでも

土の上下を入れ替える作業で、数年に1回、行うのがおすすめ。

連作障害や病害虫の
被害が深刻な畑に

野菜の栽培に使うのは、主に地表から深さ20～30cmの表土。その表土を、それより下の下層土と入れ替える作業です。前の栽培の影響が少なく、病害虫の密度が低い下層土が表面にくるため、病害虫の被害を軽減できます。重労働ですが、数年に1回は行いたい作業です。

❶ 作業をしやすいように、表土と下層土を1～6のブロックに分ける。各ブロックの深さは30cm程度。

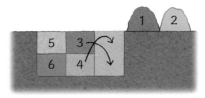

❷ 土を掘り上げて、上下の層を入れ替えていく。

❸ すべてのブロックの上下を入れ替えたところ。下層土が表面にきた。

⟶トライ 培養土の太陽熱消毒（プランター植えの場合）

適期＝栽培終了後、いつでも

プランター栽培で、栽培中に病害虫が発生したときに。

ウイルス病以外の
すべての病害虫に効果的

センチュウ類やネキリムシ、萎凋病などウイルス病以外のすべての病害虫に効果があります。日当たりのよい場所を選べば厳寒期にもできますが、そのほかの季節のほうが土の温度が上がりやすく、効果が高まります。

NP·T.Narikiyo

ふるいでふるった使用済みの培養土に、米ぬかまたは油かすを加えてよく混ぜる。土1ℓにつき、米ぬかまたは油かすを移植ゴテ1杯が目安。

NP·T.Narikiyo

用意するもの
使用済みの培養土、米ぬかまたは油かす、透明なポリ袋

NP·T.Narikiyo

全体の重さの55％の重量の水を加えて全体をよく混ぜ、透明なポリ袋に入れて口を閉める。日当たりのよい場所に1〜2か月間放置したあと、規定量のリサイクル剤を混ぜる。

連作を避け、輪作プランを立てよう

同じ科の野菜を続けて育てることを「連作」といい、連作すると、その科に特有の病害虫被害を受けやすくなります。これを「連作障害」といいます。

トマトはナス科で、4〜5年は同じナス科（ナス、ピーマン、ジャガイモなど）の栽培を避けたほうがよいとされます。そこで、トマト→キュウリ（ウリ科）→エダマメ（マメ科）→トウモロコシ（イネ科）→オクラ（アオイ科）のように、科の異なる野菜を順に育てる「輪作」プランを立てるのがおすすめです。

今月の主な作業

❄ トライ タネまき　トライ ポット上げ

今月の管理

❄ 日当たりのよい暖かい場所
💧 土が乾いたら、たっぷり
🎲 ポット上げ後から 2週間に 1回

2・3月のトマト

　4〜5月の植えつけに向け、タネから苗を育てる適期です。トマトをタネから育てる場合、植えつけ適期の大きさになるまで約60日かかります。逆算すると、2月下旬〜3月中旬がタネのまきどきです。

　とはいえ、トマトの発芽適温は25〜30℃、生育適温は25〜28℃で、露地では育ちません。暖房の効いた室内か、加温・保温用の資材を使って苗を温めながら育てます。

　手間はかかりますが、エアルームトマト（26〜27ページ参照）など苗が出回らない珍しい品種を育てる楽しみや、1粒のタネから育っていく姿を間近で観察する喜びがあります。

NP-S.Maruyama

双葉が出たところ。

主な作業

トライ タネまき

　セルトレイにタネまき用培養土を入れ、1穴に1粒ずつタネをまきます。

トライ ポット上げ

　本葉が1〜2枚になったら、3号（直径約9cm）のポリポットに植え替えます。植え替えの際には、元肥入りの野菜用培養土を使用します。その後は、第一花房に蕾がつくまで育てます。

管理

❄ 置き場：日当たりのよい暖かい場所

　できれば暖房の効いた室内の、日当たりのよい窓辺に置きます。夜間に暖房をつけておくのが難しい場合は、家庭菜園用の育苗器の利用がおすすめです。日当たりのよい窓辺がなければ、ベランダなど屋外に簡易温室と加温用資材を設置して管理します。

💧 水やり：土が乾いたらたっぷり

　土の量が少ないので、水切れに注意。

🎲 肥料：追肥はポット上げ後にスタート

　2週間に1回、化成肥料を1ポットにつき1g施します。液体肥料の場合は1週間に1回（70ページ参照）。

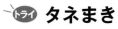 **タネまき** 適期＝2月下旬～3月上旬

まずは、セルトレイにタネをまく。

水切れと低温に注意して
発芽させることが大切

　育苗期間が約60日と長いため、セルトレイにタネをまき、成長後にポリポットに植え替えます。セルトレイの穴は小さくて土の容量も少ないため、タネまき後は水切れに注意が必要です。発芽適温や生育適温（68ページ、71ページ参照）をキープしながら、日当たりのよい場所で育てましょう。セルトレイでの育苗中は、追肥は不要です。

用意するもの
・セルトレイ（1穴が1辺3～4cmのもの）
・タネまき用培養土
・トマトのタネ

NP-N.Watanabe

NP-S.Maruyama

NP-K.Sakaguchi

まき穴を作る

タネまきに適した配合のタネまき用培養土を利用する。セルトレイに培養土を入れ、各穴の中央に、深さ1cm程度のまき穴を1つずつあける。

1

NP-S.Maruyama

1粒ずつタネをまく

まき穴に、1粒ずつタネをまく。タネが小さいので、指でまくのが難しい場合はピンセットの利用がおすすめ。

2

NP-S.Maruyama

土をかぶせる

新しい培養土をかぶせて手で軽く押さえ、はす口をつけたジョウロで、底穴から水が流れ出るまで水をやる。

3

NP-S.Maruyama

トライ ポット上げ | 適期＝3月中旬～下旬

本葉が1～2枚出たら、ポリポットに植え替える。

セルトレイでは窮屈になるので植え替えてさらに大きく育てる

セルトレイの穴は小さく、育苗の途中で根鉢が回って窮屈になってしまいます。本葉1～2枚にまで育ったらポリポットに植え替えて、最初の蕾がつくまで育てましょう。

植え替え後は2週間に1回、1ポットにつき化成肥料1g を追肥しながら育てます。液体肥料の場合は1週間に1回、規定倍率に希釈して施します。

用意するもの

・ポリポット（3号。直径約9cm）
・鉢底ネット
・元肥入りの野菜用培養土

NP-K.Okabe

1 苗を取り出す❶

本葉1～2枚になったら、ポット上げのタイミング。セルトレイの底穴に割り箸をさし込んで、苗を1株ずつ取り出す。

NP-S.Maruyama

2 苗を取り出す❷

苗を取り出したところ。白い根が回っているのがわかる。

NP-S.Maruyama

3 ポリポットに植え穴をあける

ポリポットに鉢底ネットを敷いて培養土を入れ、指などで、ポットの中央に根鉢と同じくらいの大きさの植え穴をあける。

NP-S.Maruyama

4 穴に植えつける

植え穴に苗を植え、周囲の土を株元に寄せて手で軽く押さえる。はす口をつけたジョウロで、たっぷりと水をやる。

NP-S.Maruyama

加温・保温におすすめのアイテム

まだ寒い時期に育苗を始めるため、
加温と保温が不可欠。
手軽に温度を管理できるアイテムも
活用しよう。

　発芽まではトマトの発芽適温である
25〜30℃に、発芽後は生育適温であ
る25〜28℃になるように温度を管理
し、夜間も室温が12〜13℃を下回ら
ない環境が必要です。エアコンなどの
暖房器具だけでは温度が足りなかった
り、夜間の室温が下がりすぎたりするこ
とも多く、加温・保温用のアイテムを活
用するのがおすすめです。

NP-S.Maruyama

パネルヒーター

温室内を暖めるためのヒーター。サーモスタッ
ト機能つきの製品を選ぶのがおすすめ。

NP-T.Narikiyo

家庭用育苗器

温度を自動的に調節してくれるサーモスタット
機能つきの育苗器。ふたがあるので、加温効果
が高い。

NP-T.Narikiyo

ビニール温室

日当たりのよい窓辺やベランダに設置すれば、
保温に。加温用マットやパネルヒーターと併用
すれば、屋外でも育苗できる。

NP-T.Narikiyo

加温用マット

サーモスタット機能つきのマット。床暖房のよ
うに、下から苗を温めてくれる。温室の中に設
置しても。

NP-S.Maruyama

折り畳み式温室

育苗できるスペースが狭い場合は、折り畳み
式のコンパクトな温室を利用する方法もある。

トマトの病害虫

根本 久（文・撮影）

モザイク病

【発生時期】5〜7月

【特徴】CMV や ToMV、PVX など複数の
モザイクウイルスがあります（※）。

　CMV は成長点近くの若い葉に色の濃淡
のあるモザイク症状が現れますが、下の葉
では明確にはわかりません。アブラムシに
よって伝染します。ToMV はアブラムシか
ら伝染はせず、タネ、管理作業で使った手
や刃物を介した接触、罹病した苗の根から
漏れ出したウイルス（土壌伝染）によって感
染します。葉にモザイク症状が出る（写真）
ほか、株が萎縮して奇形になり、実には壊
疽が起こります。PVX は接触伝染します。
これらのウイルスは単独で感染することも、
複数が同時に感染することもあります。

※CMV：キュウリモザイクウイルス、ToMV：トマト
モザイクウイルス、PVX：ジャガイモXウイルス

【対策】アブラムシで伝染する CMV は、バ
ジルを混植してアブラムシの発生を抑制す
るほか、シルバーマルチや白マルチを張っ
て忌避します。ToMV では、タネも感染源
となるため、自家採種したタネの使用をや
めます。収穫後の残渣は畑の外に持ち出し
て処分し、管理作業の前後には石けんで手
を洗い、収穫などに使ったハサミなどの刃
物も洗浄します。土壌伝染を防ぐため、発
病した野菜の残渣が土に残らないように処
分し、ナス科の連作をやめます。PVX 対策
では、ジャガイモから感染することもある
ため、ジャガイモ畑の近くでのトマト栽培
を避けます。

黄化葉巻病 おうかはまきびょう

【発生時期】6〜9月

【特徴】タバコ コナジラミによって伝染する
ウイルス病です。株の上のほうの葉が縁か
ら黄色くなって巻き上がったり、伸びたわ
き芽についた葉が房状に黄色くなって萎縮
（写真）したりします。感染後にできた実は、
まずくて食べられません。黄化葉巻病は種
子伝染、土壌感染、接触感染はせず、タバ
コ コナジラミのみがこのウイルスをうつし
ます。

【対策】被害を受けた株を処分する際に、そ
のまま土に埋めてはいけません。付着して
いるタバコ コナジラミが飛散しないように
被害株を抜き取り、ポリ袋などに入れて密
閉し、畑の外に持ち出して処分します。薬剤
を使用する場合は、生息しているタバココ
ナジラミに脂肪酸グリセリド乳剤（アーリー
セーフなど）などを散布して駆除します。

青枯病 あおがれびょう

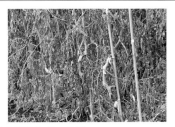

【発生時期】7〜9月

【特徴】細菌が原因で、高温多湿で発生。数段目に実がつくころ突然しおれ、夕方から朝に回復するも、やがて枯れます。茎を切ると導管部が褐色で、水につけると導管部から細菌が白汁となって出てきます。

【対策】ナス科の連作を避け、高畝(たかうね)にして水はけをよくします。抵抗性のあるつぎ木苗を利用するほか、敷き草、クローバーやラッカセイによるリビングマルチ、シルバーや白のマルチで地温の上昇を防ぎます。

疫病 えきびょう

【発生時期】6〜7月

【特徴】カビの仲間による病気で、あらゆる部位で発病。葉には水がしみたような病斑ができ、急速に拡大して暗褐色の病斑に。茎には暗褐色の大きな病斑ができます。果実には褐色の病斑ができ（写真）、腐ります。

【対策】ジャガイモから感染しやすいのでそばでの栽培と密植を避け、水はけをよくし、マルチを。発病部位は早めに取り除きます。炭酸水素ナトリウム・銅水和剤（ジーファイン水和剤など）などを初期に散布します。

葉かび病

【発生時期】6〜7月、9〜10月

【特徴】カビが原因。過湿になる施設栽培や、露地でも朝夕に低温で雨の多い季節に発生。葉の表に黄色〜淡褐色の斑紋ができ、葉裏に褐変したカビ（写真）が生えます。

【対策】過湿にならないよう株間をあけ、茎葉が混まないよう整枝(せいし)します。炭酸水素ナトリウム・銅水和剤（ジーファイン水和剤）などを発生初期に散布します。

萎凋病 いちょうびょう

【発生時期】7〜8月

【特徴】カビの一種フザリウムが病原菌。初期は茎の先端がしおれ、その後、下のほうから上部へ葉が黄変し（写真）、株全体がしおれます。高温時の酸性土壌で多発します。

【対策】連作を避け、土壌pHを中性近くにし、抵抗性品種を利用。発生を助長するセンチュウ抑制のため、対抗植物ラッカセイのリビングマルチをするほか、マリーゴールドと混植します。

アブラムシ類

【発生時期】4〜8月

【特徴】チューリップヒゲナガアブラムシ（写真）など、複数の種類が加害。苗につくほか、定植後に有翅虫が飛来して定着し吸汁加害。大発生すると、甘い排せつ物にカビが生えて汚れます。ウイルス病も媒介。

【対策】定植直後に苗を透明なシートで囲うあんどんにして、飛来を防ぎます。バジルやイタリアンパセリとの混植、リビングマルチも効果的。初期には、脂肪酸グリセリド乳剤（アーリーセーフなど）などを散布。

コナジラミ類

【発生時期】6〜8月

【特徴】オンシツコナジラミ（写真）とタバコ コナジラミが代表的。多発すると甘い排せつ物にカビが生えて汚くなります。温暖少雨で多発し、高温時にはタバココナジラミが発生、ウイルスを媒介します。

【対策】植えつけ直後に苗のまわりを透明なシートで囲むあんどんにし、飛来を防止します。コンパニオンプランツの活用、脂肪酸グリセリド乳剤（アーリーセーフなど）などで防除します。

オオタバコガ

【発生時期】6〜8月

【特徴】ガの仲間で、幼虫（写真）が新芽や蕾、果実の内部を食害します。成虫が夜間に飛来し成長点近くの葉に産卵。薬剤をあまり使わず、クモなどの捕食者が多い畑では被害が少ない傾向があります。

【対策】敷き草や敷きワラ、リビングマルチでクモなど徘徊性の捕食者を温存。バジル、ボリジ、マリーゴールドなどと混植し、オオタバコガの卵や幼虫の天敵を増やします。

Column

病害虫の被害ではない
尻腐れ症
（しりぐされ）

実のお尻の部分が変色する生理障害で、直接の原因はカルシウムの欠乏。土中にカルシウムがあっても、カリウムやマグネシウムが多すぎて吸収できない場合や、土の過乾燥、過湿による根の傷み、チッ素過多でも発生します。適切に土作りをするほか、マルチなどで土の乾燥を防ぎます。症状が出た果実は回復しないので、摘み取って処分を。栽培環境を改善すれば、症状は治まります。

ハモグリバエ類

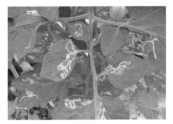

【発生時期】5〜8月
【特徴】幼虫が葉肉に食い進んだ痕が白い線に見えることから「エカキムシ」とも。トマトハモグリバエ（写真）など多くの種類があり、農薬に強く、農薬を頻繁に使用している場所では発生が多い傾向があります。
【対策】薬剤の使用は極力控えてください。バジルやボリジなどと混植し、天敵である寄生性のハチを集め駆除します。黄色いテープに誘引される性質を利用し、黄色い粘着テープで捕殺するのも効果的です。

ハスモンヨトウ

【発生時期】7〜9月
【特徴】ヨトウムシ類の仲間で、8〜9月に熱帯夜が続く年に多発。卵塊から孵った幼虫は1〜2齢の間は集団で生活し、3齢以降は分散、さまざまな野菜を食害します。
【対策】トマトの葉に幼虫（写真）が来るのを防ぐため、この虫が好むサトイモ畑の近くでは栽培を避けます。ソルゴーなどの障壁も効果的。ヒマワリを障壁にすると、カリバチのアシナガバチなどが幼虫を捕食します。マリーゴールドは天敵温存植物に。

トマトサビダニ

【発生時期】6〜9月
【特徴】黄褐色でクサビ形、体長約0.2mmの極小のダニで、茎や葉を吸汁します。下の葉から上に向かって黄変し、茎も上に向かって褐色になり（写真）、果実の表面はひび割れます。雨の少ない年や、雨よけ栽培をしている場合に発生しやすくなります。
【対策】敷き草やワラで捕食性のカブリダニを増やし、リビングマルチを。脂肪酸グリセリド乳剤（アーリーセーフなど）などで防除。

ネコブセンチュウ類

【発生時期】6〜8月
【特徴】植物の根にこぶを作ります。寄生された根（写真）は養水分の吸収が悪くなり、被害が進むと昼に葉がしおれます。萎凋病など土壌病害にもかかりやすくなります。一度畑で発生すると、完全に根絶することは不可能といわれています。
【対策】発生地で使った農具は洗ってから使用。リビングマルチやマリーゴールドの混植でセンチュウ密度を低下させます。

トマトのコンパニオンプランツ

一緒に育てることでさまざまなメリットがある

コンパニオンプランツは「共栄作物」ともいい、ある作物が、ほかの作物に何らかのメリットをもたらす組み合わせのこと。どちらか一方だけにメリットがある場合もあります。

主には、害虫の忌避効果、害虫を誘引する植物をおとりにする効果（おとり作物）、天敵を集めて増やす効果、生育がよくなる補完効果などがあります。天敵を集める作物は「インセクタリープランツ（天敵温存作物）」、世代交代を助けて増やす作物は「バンカープランツ」といいます。また、センチュウ防除の効果をもつ植物を「対抗植物」といいます。

主なコンパニオンプランツ

ニラ

ヒガンバナ科。トマトに添えるようにして植えることで、ニラの根圏微生物が分泌する抗生物質がトマトの萎凋病菌（フザリウム）による被害を抑制する。

パセリ

セリ科。セリ科特有の香りが害虫を忌避。アブラムシの天敵ヒラタアブを誘引すると同時に、アブラムシのおとり作物にも。リビングマルチ（植物で畝を覆うこと）にすると、トマトの水分吸収を安定させる。

ラッカセイ

マメ科。トマトを害するセンチュウ類の対抗植物。リビングマルチにすれば天敵の隠れがになるほか、トマトサビダニ対策にも。ラッカセイの根につく菌根菌は、トマトの養分吸収を助ける。

バジル

シソ科。アブラムシを忌避するほか、アブラムシやコナジラミ、ハモグリバエ、オオタバコガの天敵を集める。ポリネーター（受粉を助ける昆虫。粉送者）を集めて、トマトの実つきをよくする。

フレンチマリーゴールド

キク科。ヒラタアブや寄生性のハチなどの天敵を集めるインセクタリープランツで、ハスモンヨトウやオオタバコガ対策に。センチュウ類を抑制する対抗植物でもある。

ボリジ

ムラサキ科。寄生性のハチなどの天敵を集めて、害虫被害を軽減する。コナジラミのおとり植物にもなる。ポリネーターを集めて、トマトの実つきをよくする。

そのほかのコンパニオンプランツ

- **アスパラガス**　キジカクシ科。キタネグサレセンチュウの対抗植物。
- **ナスタチウム**　ノウゼンハレン科。アブラムシやコナジラミのおとり植物。リビングマルチにも。
- **クレオメ**　フウチョウソウ科。ハエや寄生性のハチなど天敵を集める。
- **クローバー**　リビングマルチにすれば、天敵の隠れがに。土の乾燥防止にも。
- **ヘアリーベッチ**　通路で育てれば、リビングマルチとなって天敵を温存。
- **ムギ類**　通路で育ててリビングマルチに。天敵の隠れ場所にもなる。

トマトとは相性の悪い野菜も

　トマトに悪影響があるため、トマトと一緒に育てたり、前作や後作でトマトを育てたりしないほうがよい野菜もあります。

ジャガイモ　ナス科。トマトの隣で育てたり、前作や後作でトマトを育てたりすると疫病が発生しやすくなります。ジャガイモに触れた手でトマトに触れると、トマトが疫病やモザイク病に感染することもあります。

そのほかのナス科野菜　連作障害が起こるため、前作や後作でトマトを育てるのは避けましょう。

トウモロコシ　トマトの隣で育てると、トマトが日陰になりがち。吸肥力が強く、トマトの肥料分まで奪ってしまうため、近くでの栽培は避けましょう。

サトイモ　ハスモンヨトウが好む野菜。トマトの近くで育てると、サトイモ畑で育ったハスモンヨトウの幼虫がトマトに移動して被害をもたらします。

フェンネル　トマトの成長を遅らせる作用があります。

コンパニオンプランツどうしの組み合わせにも注意

　トマトの萎凋病対策になるニラですが、マメ科とは相性が悪い野菜。マメ科野菜の生育が悪くなります。ニラを混植しながらリビングマルチもしたい場合は、マメ科以外のナスタチウムなどを選ぶか、食用にしないクローバーなどと組み合わせましょう。

畑の周囲では、ヒマワリやソルゴーを育てよう

　背が高くなるヒマワリやソルゴーを畑の周囲で育てると、害虫の飛来を防ぐ障壁作物になります。ヒマワリは開花期が短いので、時期をずらして4月、5月下旬、8月と3回タネをまくのがおすすめ。狭い畑なら、片隅で3〜4株育てるだけでも効果があります。ソルゴーは、広い畑で周囲を囲うように育てましょう。

こんなふうに混植しよう

※トマトの畦幅は60cm、株間は50cmで示しています。

パセリ／イタリアンパセリ

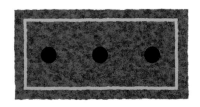

畦の縁に沿って1cm間隔でタネをまき、株が混み合ったら適宜、間引く。同様に、同じセリ科のニンジンのタネをまき、最終的に株間10cmにしてもよい（まきどきは3月上旬〜10月下旬）。

ラッカセイ

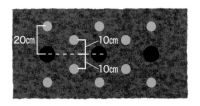

トマトに対して互い違いにタネをまく。畦の左右センターから、近いところでは10cm、遠いところでは20cm間隔が目安。成長後は、畦全体を覆うリビングマルチに。

バジル／アスパラガス

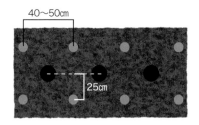

トマトと互い違いに、畦の左右センターから25cm離して育てる。株間は45〜50cm。バジルはタネまたは苗から栽培、アスパラガスは根株（地下茎）か苗を植える。

マリーゴールド／ナスタチウム

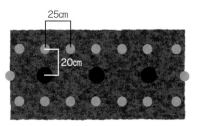

トマトから20cm離れたところに、25cm間隔でタネをまくか苗を植える。畦の短い辺でも1か所ずつ栽培すると、より効果が高まる。

● はトマト

はコンパニオンプランツ

ボリジ／クレオメ

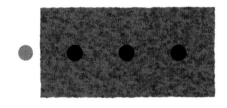

ボリジもクレオメも、1株育てれば半径3m程度の範囲に効果がある。長さ2〜3mの畝なら、1株育てれば十分。畝が長い場合には、3m間隔で栽培する。タネをまくか、苗を植える。

クローバー／ヘアリーベッチ／ムギ類

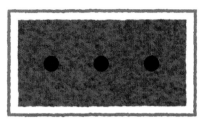

畝の周囲の通路に、1〜2cm間隔ですじまきする。通路が広い場合は、列間を10cm程度あけて2列まいてもよい。大きく育てる必要はないうえ、丈夫なので踏んでも問題ない。

ニラ

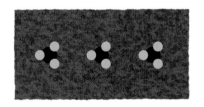

トマト1株につきニラを3株、双方の根を絡ませて植えつける。ニラの根につく微生物の働きが重要で、単に近くに植えるだけでは効果が十分に発揮されない。植え方が大切。

ニラの植え方

トマトをポリポットから取り出したら、トマトの根鉢全体をニラ3株の根で包み込むようにして植え穴に入れることが大切。

トマトのプロフィール

トマトってこんな野菜

私たちの食卓にもなじみの深いトマト。
原産地や日本へ伝わった歴史、育ち方の特徴などを見てみましょう。

NP-M.Nagasaki

トマトが来た道

　トマトの原産地はペルー、エクアドルのアンデス高地。そこからメキシコに伝わって栽培品種となり、食用にされたといわれています。メキシコ湾沿いにあるベラクルスの谷では、アステカの人々によって品種改良が行われていたこともわかっています。

　その後、16世紀になると、メキシコを征服したスペイン人によってヨーロッパにもたらされます。当初は毒のある植物と考えられており、食用としての栽培が始まったのは200年後、18世紀のことでした。

　日本には江戸時代初期の17世紀、オランダから長崎にもたらされます。しかし、ヨーロッパでもまだ野菜としては食べられていなかったことから、「唐柿」「赤茄子」などと呼ばれ、赤い果実を観賞するための植物でした。食用にされたのは、明治時代からです。

日本で食用になったのは明治時代から

明治時代、欧米ではトマトの食用栽培が一般化し、すでに多くの品種が育てられていました。明治政府は西洋野菜の導入に乗り出しますが、トマトは真っ赤な果実の色と青臭さが不人気だったようです。明治時代後半になると、洋食文化の広がりとともにトマトソースなどの加工品が食べられるようになりますが、生で食べられることはほとんどありませんでした。

日本での野菜としてのトマト栽培が本格化したのは、戦後の高度経済成長期。食の洋食化が進むと同時に野菜の流通網が発展、一般家庭にも冷蔵庫が普及して、生野菜の冷蔵保存が可能になりました。家庭で生野菜が食べられるようになり、サラダが食卓にのぼるようになるとともに、トマトの消費量も伸びていきます。

1985年には、完熟果を出荷できる品種「桃太郎」が販売され、おいしい生食用トマトの品種開発と栽培が加速化していくのです。

プロの農家向けとして1985年に販売された「桃太郎」を改良し、家庭菜園向けに作られた「ホーム桃太郎」（タキイ種苗）。

世界のトマト事情

世界各国で栽培されているトマト。ジャガイモやトウモロコシなど、穀類として主食になる野菜を除けば、世界で最も生産量の多い野菜です。最も生産量が多いのは中国で、約6152万トン。次いでインドの1938万トン、アメリカの1261万トンです。

日本の生産量は72万トン（2018年）で、家庭で最も多く購入されている野菜ですが、年間消費量は1人当たり4kg弱で近年は横ばい状態。エジプトやギリシャなど地中海沿岸地域の国では1人当たり年間90〜100kg、世界平均でも約20kg消費されているのに比べると、ずいぶん少ないといえます。これは、世界では一般的に加熱調理して食べられているのに対し、日本では生食での消費が中心だからです。

NP-M.Nagasaki

最近ではトマトソースなどにするとおいしい、加熱調理用の品種も増えている。

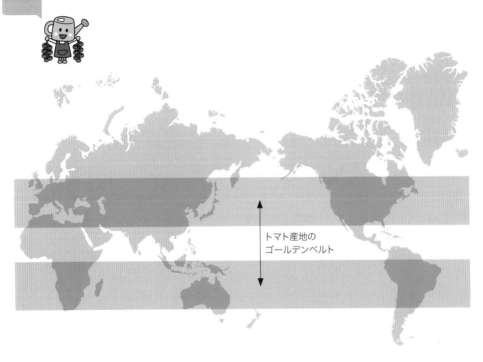

トマト産地の
ゴールデンベルト

トマトが好むのは
原産地に近い環境

次に、トマトが好む栽培環境について見てみましょう。

トマトが生まれたペルー、エクアドルのアンデス高地は、雨が少なく乾燥したやせ地。日中は強い日ざしが降り注ぐ一方、夜は夏でも冷え込みます。このような土地で生まれたトマトがよく育つのは、品種改良が進んだ今でも、雨量が少なく、冷涼で昼夜の温度差が大きく、日照時間が長い場所。世界地図で見ると北緯40度、南緯35度あた

りの地域です。この地域は「トマト産地のゴールデンベルト」とも呼ばれ、生産量の多い中国やインド、アメリカなどもこのエリアに位置します。

夏野菜の代表格だが、
日ざしは大好き、暑さは苦手

トマトは夏野菜の代表的存在で、強い日ざしが大好き。日当たりの悪い場所では、うまく育ちません。できるだけ長時間、日が当たる場所で育てましょう。一方で冷涼な環境で生まれたので、暑さは苦手です。

トマトの生育適温は25～28℃で、35℃を超える猛暑や熱帯夜が続くと花粉がうまく働かず、受粉はしても受精できない受精不良になります。猛暑の夏に、花は咲いても果実にならなかったり、できても奇形になったりするのはこのためです。黒い寒冷紗をかけて日よけをするほか、着果促進剤の利用も効果があります（61ページ参照）。

乾燥した気候を好み、湿気も苦手

原産地は乾燥した気候なので、湿気も苦手。高温多湿の日本の夏は本来、トマトの栽培に適していないのです。日本のトマト栽培の主流がハウス栽培なのも、トマトが好む温度と湿度に管理するためです。

梅雨や秋の長雨に伴う湿気は、トマトを病気にかかりやすくします。カビが原因の軟腐病、疫病、灰色かび病などは、ジメジメした環境で発生します。また、雨が多いと果実の皮が裂けたり、果実が割れやすくなります。

露地栽培では水はけのよい場所を選ぶほか、ポリマルチを張ったり、雨よけしたりして、雨や湿気による被害を軽減することが大切です。こまめなわき芽かきにも、風通しをよくして湿気がこもるのを防ぐ効果があります。

肥沃な場所では果実がつかない「つるボケ」に

原産地では、やせた岩場を這うようにして育っていたほど生育旺盛なトマト。肥沃（ひよく）な場所では栄養成長（茎や葉が茂る）と生殖成長（花や果実をつけてタネを作る）のバランスをとるのが難しく、茎葉ばかりが育って果実がつかない「つるボケ」を起こします。トマト栽培に、肥料過多は厳禁です。

土作りの際は元肥の量を守ったうえで、生育の途中から肥料が効く溝施肥にして、生育初期は肥料を切らし気味にします。こうすることで第一花房に無事に果実がつきます。大玉トマトではピンポン玉くらいのサイズになったら、初めて追肥を行います。ミニトマトと中玉トマトは、果実が収穫適期のサイズの半分くらいに育ってから追肥を開始します。

高温多湿に弱いトマト。夏でもよい果実を収穫するためには、それなりの手入れが必要。

トマトの部位の呼び方

各部位の呼び方と発生の規則性を知って、
整枝や追肥などの管理作業を適切に適したタイミングで行いましょう。

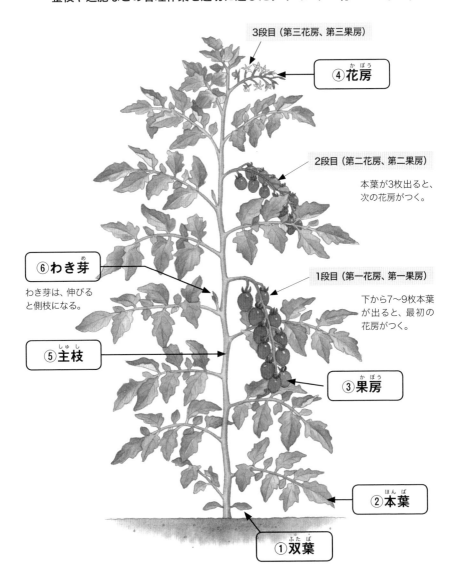

3段目（第三花房、第三果房）

④花房（かぼう）

2段目（第二花房、第二果房）

本葉が3枚出ると、
次の花房がつく。

⑥わき芽（め）

わき芽は、伸びる
と側枝になる。

1段目（第一花房、第一果房）

下から7〜9枚本葉
が出ると、最初の
花房がつく。

⑤主枝（しゅし）

③果房（かぼう）

②本葉（ほんば）

①双葉（ふたば）

①双葉

芽が出て最初に開く葉を「子葉」といい、子葉が2枚あるものを双葉という。双葉にはタネに含まれていたリン酸などの養分が貯蔵されており、双葉が残っている苗を選んで植えると、植えつけ後も順調に育つ。

②本葉

双葉（子葉）のあとから出てくる葉で、一般的に、その植物本来の葉の形をしている。トマトの葉は、羽状複葉（下図参照）。

③果房

花房が果実になったもので、果実が房状につくことやその集合体。

④花房

花が房状についていること。または、房状についた花の集合体。その株で最初についた花房を「第一花房」という。トマトの花房は同じ方向に向かって規則的につくので、蕾か花がついている苗を選び、向きをそろえて植えると管理しやすくなる。

⑤主枝

双葉の間から出た最初の枝で、その株の中心となる枝。トマトの場合、主枝1本だけを伸ばす「1本仕立て」で育てるのが基本。

⑥わき芽

主枝と、主枝についた葉のつけ根（節）から出る芽。成長すると「側枝」と呼ばれるようになる。トマトの場合は基本的に、すべてのわき芽を小さいうちに摘み取る「1本仕立て」にする。

トマトの葉は、小さな葉の集まりを1枚と数える羽状複葉。葉の軸に小さな葉が複数つき、葉の先端にも小さな葉がついているので、正確には奇数羽状複葉という。

トマトの花。1つの花の中に雄しべと雌しべがある両性花で、雌しべの周囲を雄しべが取り囲む。自分の花粉で受精できる自家受精タイプで、風や振動で花が揺れるだけで受粉できる。

NP-S.Maruyama

NP-S.Maruyama

トマトの花や果実は房状につく。生育状態がよいと、写真のように1つの花房（果房）が複数に枝分かれすることも。その分、収穫量が増える。

トマトの果実の育ち方

トマトの果実のつき方を観察すると房のつけ根に近い果実から肥大し、
色づくのがわかります。これは、果実の味の違いにも現れます。

開花から収穫まで
ミニは約40日、中玉は40〜45日、
大玉は55〜60日

果実が大きい品種ほど、開花から収穫までの日数が長くなります。品種や気温にもよりますが、ミニは約40日、中玉は40〜45日、大玉は55〜60日が目安です。

トマトは房のつけ根近くの果実から順に養分が行き渡り、大きくなって色づくので、房の先端より、つけ根に近い果実のほうが充実しやすく、甘くおいしくなります。

果実が大きくなるところ（写真は大玉トマト）

1 花が咲いたところ。虫や風、振動などで雄しべの花粉が雌しべにかかり、受粉する。

NP-M.Fukuda

2 受粉の結果、受精に成功すると花の内部に小さな果実ができ始める。

NP-M.Fukuda

3 実が大きくなると、花弁が落ち始める。順調に育つと、果実はこのまま大きくなる。

NP-M.Fukuda

4 房のつけ根に近い果実は養分を受け取りやすいので、先端より早く肥大して色づく。

NP-M.Fukuda

子室の数で果実の大きさが決まる

Column

トマトを輪切りにしてみよう

　トマトを横に輪切りにしてみると、中の果肉がいくつかの部屋に分かれていて、ゼリー状の果汁とタネが入っています。この部屋を「子室」といい、子室の数が多いほどトマトが大きく太ります。大玉トマトでは数が多く、ミニトマトでは少なくなるのです。

　同じ大玉トマトでも、品種によって子室の数は5～8つと異なります。子室の数が多い品種は果実が締まった堅い食感に、少ない品種は果汁が多くてジューシーな食感になります。また、壁の部分の果肉は甘いので、壁が多いほど糖度が高く、煮崩れしにくくなります。

　子室の形を見ると、株が順調に育ったかどうかもわかります。肥料不足や天候不順などでは、受粉がうまくいかずに子室がゆがんだり、ゼリー質が少ない空洞果になったりします。

NP-M.Fukuda

子室が乱れている大玉トマト。受精がうまくいかなかった証拠で、食べてもおいしくない。

NP-N.Watanabe

大玉トマトを輪切りにしたところ。写真の子室は5つ。

NP-N.Watanabe

ミニトマトを輪切りにしたところ。写真の子室は2つ。

NP-N.Watanabe

中玉トマトを輪切りにしたところ。写真の子室は3つ。

調理用トマト「ズッカ」を輪切りにしたところ。写真の子室は9つ。（サントリーフラワーズ）

トマト Q&A

トマトについてよくある質問にお答えします。
疑問が解決されれば、トマトの栽培がもっと楽しくなるはずです。

Q 第一花房を
折ってしまいました。
そのまま育てて
大丈夫ですか。

A トマトの第一花房は、とても
大切です。ここに果実がつか
ないと、その後の実つきも悪くなり、
茎葉ばかりが茂る「つるボケ」を起こし
やすいからです。

しかし、折ってしまったものはしか
たがありません。第二、第三花房に忘
れずに人工授粉を行って、確実に果実
をつけさせましょう。

Q 果実がつき始めたばかり
なのですが、
主枝を
折ってしまいました。

A 茎が完全に折れておらず、半
分ほどくっついていれば再生
できるかもしれません。折った部分を
養生テープなどで巻き、茎先が動かな
いよう支柱に固定してみてください。

茎の表皮だけでつながっている場合
や、完全に折れてしまった場合も、そ
の下にわき芽が残って入れば新たな主
枝として伸ばして栽培を続けられます。
あきらめずに試してみましょう。

主枝が折れてしまったが、半分以上つながっ
ている。

折れた箇所にテープを巻いて様子を見ると
よい。

Q 人工授粉を忘れました。
果実はついていますが、
第二花房からでも
したほうがよいですか。

 A 第一花房に果実がついている
ということは、人工授粉をし
なくても受粉・受精に成功したのです。
第二花房が咲くころには気温が上昇し
て花粉の出がよくなっており、花粉を
運ぶ虫も活発化しているので、受粉・
受精しやすくなっています。人工授粉
の必要はありません。

Q 株は大きくなりましたが、
果実がつきません。

A 「つるボケ」を起こしていると
考えられます。原因は2つ。
1つは、蕾も花もついていない小さな
苗を植えたことで、茎葉ばかりに養分
が回ってしまったこと。もう1つは、
第一花房の受粉・受精がうまくいかな
かったことです。いずれの場合も実つ
きが悪くなります。

解決策は、人工授粉を行って受粉・
受精を促すことです。株が大きくても、
第一花房に花が2〜3輪咲いていれば
大丈夫。第一花房に確実に果実がつけ
ば、その後もスムーズに果実がつくよ
うになります。

Q 毎年、1段目の果実が
おいしくありません。
どうすれば、
おいしくなりますか。

A 1段目の果実ができるころは
まだ株が小さく、果実に十分
な養分が回りません。そのため、その
品種本来の味が出にくいのです。どん
な品種でも、1段目の果実はおいしく
ないと考えましょう。味については、2
段目以降の果実で判断してください。

花房

植えたばかりのトマト。すでに第一花房（1段目）
に花がついており、これが果実になると第一果房
となる。まだ株がかなり小さいことがわかる。

Q 茎から 白い根が出てきました。 病気や害虫の 被害ですか。

A 「不定根」と呼ばれるもので、病気でも害虫の被害でもありません。ただ、栽培環境を見直す必要があります。根が水や養分を吸収しにくくなったり、成長点まで水や養分が届きにくくなったりすると発生するものだからです。地上の茎から根が出て、空気中の水分を吸収します。

　生育が旺盛なトマトでは、7月ごろに見られます。定期的に追肥をするほか、露地栽培でも水やりをしてください。

茎から出た不定根。追肥と水やりをして、健全に育てよう。

Q 主枝が縦に割れて、穴があいてしまいました。

A 「窓あき茎」「メガネ茎」などと呼ばれる生理障害で、肥料過多や土の乾燥、夜間の高温などによるホウ素欠乏が原因です。水分や養分を吸収しにくくなるため、症状が進むと生育が止まり、花や果実が落ちてしまうこともあります。

　主枝が伸びないほど症状が進んだ場合は、それより下のわき芽を伸ばして栽培を続けましょう。追肥を控えて、様子を見てください。

Q 栽培中に、皮が裂けてしまいます。原因は？

A 皮が裂けたり、果実が割れたりすることを「裂果」といい、トマトの生理障害の一つです。雨が果実に当たったり、乾燥が続いたあと急に大雨が降ったりした場合に起こります。特に後者のケースでは、株が一気に水分を吸収して果実の内部が膨張し、果皮が耐えられずに裂けてしまうのです。皮の薄い品種が多い大玉でよく発生しますが、ミニトマトでも生育

後半にはよく発生します。

　土の極端な乾湿を避けるため、ポリマルチを張ると対策になります。雨よけ栽培（41ページ参照）をして、果実に直接雨が当たるのを防ぐのも効果があります。

皮の表面に裂け目ができた大玉トマト。大玉トマトでは、起こりやすい生理障害。

ミニトマトでも、生育後半になって株が弱ってくると発生しやすい。

Q 完熟収穫を目指しているのに、収穫直前に鳥に食べられてしまいます。

A 甘いトマトの果実は、鳥の大好物。食べられないように、鳥よけ対策を行いましょう。

　畝の周囲に50〜100cm間隔で長さ210〜240cmの支柱を立て、支柱の高さを鳥よけネットか防虫ネットでぐるりと囲みます。支柱の上もネットで覆えば、鳥の被害を防ぐことができます。

　雨よけ栽培（41ページ参照）をしている場合は、透明シートの下の部分にネットを張りましょう。

雨よけと鳥よけの対策を同時に行った様子。畝の周囲に支柱を立て、畝を囲んでぐるりと鳥よけネットを張って鳥よけをしている。上部にも鳥よけネットを張って、侵入を防ぐとよい。

Q 果実がついたのに、
赤くなりません。
日当たりが悪いから
でしょうか。

A トマトは強い日ざしを好むの
で、日照不足や寒さが原因だ
と考えられます。日当たりが悪い場所
で育てた場合や、秋、次第に気温が下
がる時期に見られます。来年は、適期
に日なたに植えましょう。

緑色のトマトも、ピクルスやジャム、
フライなどでおいしく食べられますよ。

Q 育てたトマトが
おいしかったので、
タネをとって
来年も育てたいです。
注意点を
教えてください。

A 今年育てたトマトは、固定種
でしょうか。基本的に、タネ
は固定種からとります。固定種とは、
品種の特徴が現れたよい株を選んで採
種を繰り返し、何世代もかけて選び抜
いてきた品種のことです。遺伝的に、
親とほぼ同じものができます。

これに対して、市販のタネや苗に多
いのがF₁品種です。異なる性質をもつ

親どうしをかけ合わせた雑種で、両親
よりも生育がよく、品質のそろったも
のができます。しかし、F₁品種から採
種して育てたF₂世代（雑種の二代目）
は、性質も不ぞろいで収穫量も安定し
ません。タネとりには不向きです。F₁
品種は、「一代交配」または種苗会社の
名前などをつけて「〇〇交配」と書いて
販売されています。育てた品種が固定
種かどうか、まずは確認してください。

タネとりでは同じ品種間で受精させ
ることも大切。ほかの品種の花粉がつ
くと、期待するようなよい形質が得ら
れないからです。複数の品種を栽培し
たいなら、ほかの品種とは距離を離し
て植えましょう。

タネとりは、次のようなプロセスで
行います。

❶ トマトは完熟果を食べるので、食べ
ごろの十分に熟した実を選ぶ。皮が
柔らかくなったころが適期。

❷ 実をつぶしてタネを取り出し、ゼ
リー質の部分を果汁ごと常温で数日
間放置する。臭いが出るので、置き
場所には要注意。

❸ ゼリー質が溶けてなくなったら、水
でよく洗う。トマトのゼリー質には、
発芽抑制物質が含まれるので、よく
洗い流す。

❹ 雨の当たらない風通しのよい場所

で、よく乾かす。

❺ タネが乾燥したら、大きくてふっくらとしたものだけ残すよう選抜すると、発芽率が高まる。

❻ 乾燥させたタネをクラフト紙の封筒などに入れ、品種名と採種日を書いて端を折ってクリップなどで留める。乾燥剤と一緒に密閉袋に入れ、冷蔵庫などの冷暗所で保管すると、発芽率の低下を防げる。

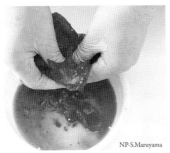

NP-S.Maruyama

タネとりは必ず、へたのきわまで完熟した果実で行う。未熟な果実は、タネも未熟で発芽率が低いうえ、うまく育たない可能性が高くなる。

NP-N.Kamibayashi

採種したトマトのタネ。よく乾燥させてから、大きく充実したタネだけ残すことが大切。小さなタネは、未熟な場合がある。

Q 畑が狭いので、どうしても連作になってしまいます。対策はありませんか。

A まず、病害虫に強い抵抗性品種と、つぎ木苗を併用しましょう。土作りも重要です。トマトだけを育て続けると、トマトを好む特定の病害虫が増えてしまいます。これを避けるために堆肥を倍量（9〜12ℓ／㎡）投入するほか、微生物資材を利用して微生物を多様化させます。

Q プランター栽培でよく水切れを起こしてしまいます。コツを教えてください。

A どんな植物でも、基本は土の表面が乾いたら、水が底から流れ出るまでたっぷりやること。流れ出る水と一緒に、土中の空気も入れ替わります。植物は午前中に盛んに水分を吸収するので、水やりは午前中に行います。夏は、乾いているようなら夕方にもう一度行いましょう。

トマトの肥料

無機質肥料は手軽 有機質肥料はおいしさアップ

トマトは、無機質肥料を使う慣行栽培、有機質肥料を投入する有機栽培のいずれの方法でも育てられます。

無機質肥料のメリットは手軽さ。特に化成肥料は、植物の生育に欠かせない肥料の三要素であるチッ素、リン酸、カリを含んでおり、肥料を配合する手間がかかりません。家庭菜園では三要素が同量ずつ含まれるN-P-K=8-8-8の製品が使いやすく、おすすめです。

有機質肥料のメリットは、果実が甘くおいしく育つこと。トマトの場合、アミノ酸を多く含む肥料を使うと、甘く濃厚な味になる傾向があります（28ページ参照）。

いずれの場合も、花つきと実つきをよくするリン酸肥料を加えるのがポイントです。

無機質肥料で育てる場合

苦土石灰（くどせっかい）

土のpH調整に使用するアルカリ性の資材で、アルカリ分の含有量は50％以上。雨で土中から流失しやすい石灰分（カルシウム）だけでなく、光合成を行う葉緑素の生成を助ける苦土（マグネシウム）も含み、植物の生育がよくなる。

NP-N.Kamibayashi

牛ふん堆肥

牛ふんとワラなどを混ぜて発酵させた動物性の堆肥。牛は草食動物で、飼育の際に敷いてあるワラも植物性の有機物なので、肥料分を含む動物性堆肥と、土壌改良効果が持続する植物性堆肥のメリットを併せもつ。土壌微生物の活動が活発になり、水はけ、水もち、土の通気性、肥料もちがよくなって、根張りや生育もよくなる。サラサラとして臭いのない、完熟のものを使う。

NP-N.Kamibayashi

化成肥料

複合肥料の一種で、粒状の肥料。1粒に、三要素のうち2種類以上が含まれるように化学的に合成され、各粒に含まれる成分量が同じになっている。有機質肥料入りの有機化成もある。肥料分が速やかに水に溶け出し、すぐに効果が出るのが特徴。N-P-K=8-8-8の製品がおすすめ。

NP-N.Kamibayashi

熔リン（熔成リン肥）（ようりん・ようせいリンぴ）

天然のリン鉱石などが原料のリン酸肥料。根から出る酸に少しずつ溶けて吸収される（ク溶性）ため、長くゆっくりと効くのが特徴。そのため、追肥で施しても無意味なので、必ず元肥として投入することが大切。

NP-N.Kamibayashi

有機質肥料で育てる場合

有機石灰

貝殻や卵の殻、貝類の化石などを乾燥させて粉状に砕いたもの。貝化石石灰、カキ殻石灰などの種類がある。アルカリ分の含有量は20～40％で、製品によって成分量が異なるので、使用の際はパッケージ表示の確認を。効き目がゆっくりあらわれるのも特徴。

NP-S.Maruyama

牛ふん堆肥

94ページ参照。

NP-N.Kamibayashi

発酵鶏ふん

ニワトリのふんを十分に発酵させたもので、チッ素、リン酸、カリをバランスよく含み、土壌改良効果も。完全に発酵していて粒の小さい製品は、追肥にも使える。ニワトリのふんを単に乾燥させた乾燥鶏ふんとは別のものなので、購入の際は間違えないように。

NP-K.Fujita

発酵油かす

ナタネやダイズなどの油を搾ったかすを発酵させたもの。チッ素が多いが、リン酸とカリも少量含む。未発酵の製品は施肥後、分解に時間がかかるため、発酵済みの製品を選ぶ。さまざまな形状の製品があるが、元肥には粉状のものが使いやすい。

NP-S.Maruyama

魚かす

魚を加熱してから脂分と水分を取り除き、乾燥させたもので、「魚粉」として販売されていることも。リン酸を多く含むほか、チッ素も含む。アミノ酸が多く、元肥に加えると実のうまみがアップ。

NP-T.Narikiyo

バットグアノ

堆積したコウモリのふんが原料で、リン酸分を多く含む発酵済みの有機質肥料。成分含有量が非常に多く、長くゆっくり効くのも特徴。花つきや実つきは格段によくなるが、過剰施用には注意が必要。

NP-K.Fujita

追肥に活躍

ぼかし肥

鶏ふんや油かす、米ぬかなどの有機物を混ぜて発酵させた資材で、発酵済みなので速効性がある。チッ素、リン酸、カリのバランスがよい製品が多く、追肥に使いやすい。有機栽培で使うなら、「有機100％」の表示がある製品を選ぼう。

NP-S.Maruyama

藤田 智（ふじた・さとし）

恵泉女学園大学副学長・人間社会学部教授。
「NHK 趣味の園芸 やさいの時間」の講師を、番
組開始の 2008 年からつとめる。「初めてでも失
敗しない」家庭菜園のメソッドには定評がある。

根本 久（ねもと・ひさし）

トマトの病害虫（P72〜75／文・撮影）
トマトのコンパニオンプランツ
（P76〜79／文）

園芸病害虫防除技術研究家、農学博士。

NHK 趣味の園芸
12か月栽培ナビ⑯

トマト

2021 年 2 月 20 日　第 1 刷発行
2023 年 6 月 5 日　第 3 刷発行

著　者　藤田 智
　　　　©2021 Fujita Satoshi
発行者　土井成紀
発行所　NHK 出版
　　　　〒 150-0042
　　　　東京都渋谷区宇田川町 10-3
　　　　電話 0570-009-321（問い合わせ）
　　　　　　 0570-000-321（注文）
　　　　ホームページ
　　　　https://www.nhk-book.co.jp
印刷　　凸版印刷
製本　　凸版印刷

ISBN978-4-14-040293-1 C2361
Printed in Japan

表紙デザイン
岡本一宣デザイン事務所

本文デザイン
山内迦津子、林 聖子
（山内浩史デザイン室）

表紙撮影　丸山 滋

本文撮影
伊藤善規／大泉省吾／岡部留美／金田 妙／
上林徳寛／栗林成城／阪口 克／坂本晶子／
谷山真一郎／長﨑昌夫／成清徹也／
福田 稔／丸山 滋／渡辺七奈

イラスト
山村ヒデト
タラジロウ（キャラクター）

校正
安藤幹江

編集協力
北村文枝

企画・編集
長坂美和（NHK 出版）

取材協力・写真提供
御倉多公子
カゴメ
カネコ種苗
サカタのタネ
サントリーフラワーズ
タカ・グリーン・フィールズ
タキイ種苗
トキタ種苗
日本デルモンテアグリ
パイオニアエコサイエンス
ハルディン
渡辺採種場